AF467651

LES CHASSES

DE LA

PROVENCE

DEVANT LE SÉNAT,

PAR **L. GAY**, AVOCAT.

TOULON,
IMPRIMERIE L. LAURENT, SUR LE PORT
VIS-A-VIS LA CONSIGNE.

1862

LES CHASSES

DE LA

PROVENCE

DEVANT LE SÉNAT,

PAR L. GAY, AVOCAT.

TOULON,
IMPRIMERIE L. LAURENT, SUR LE PORT,
VIS-A-VIS LA CONSIGNE.

1862

LES CHASSES

DE LA

PROVENCE

DEVANT LE SÉNAT.

Depuis longtemps, le comice agricole de Toulon a entrepris une croisade contre les chasseurs de petits oiseaux, et a pris à tâche d'appeler sur eux la sévérité du législateur. Il représente les petits oiseaux comme les conservateurs de l'agriculture, et les chasseurs comme les ennemis de nos champs et de nos récoltes, et demande pour les uns aide et protection, contre les autres, prohibitions et entraves nouvelles. Il avait lu, sans doute, cette phrase de M. Toussenel : « Vous allez me demander, pour la vingtième fois, que je vous explique à quoi servent les sociétés agricoles; on n'a jamais pu le savoir » (1). Piqué au vif, le comice toulonnais a voulu montrer qu'il pouvait servir à quelque chose, et il s'est mis à donner la chasse aux chasseurs, et à poursuivre un but qui, s'il était atteint, serait infiniment désagréable à la majorité des Provençaux.

Il s'est d'abord adressé au conseil général du Var, pour le supplier de faire modifier les arrêtés préfectoraux sur la chasse aux oiseaux de passage, dans un sens défavorable aux chasseurs. Le conseil général ne s'est point ému des plaintes du comice agricole et a toujours repoussé les exagérations de son zèle (2). Sans se décourager, il a frappé à une autre porte; il s'est adressé au Sénat, après avoir recruté quelques complices, et, dans la séance du 24 juin 1860, M. le sénateur Bonjean a présenté un remarquable rapport très-favorable aux vues des pétitionnaires. Ses conclusions ne tendent à rien moins qu'à prohiber la chasse la plus

(1) Toussenel, *Ornithologie passionnelle*, tom. III, pag. 80.

(2) *Délibérations du Conseil général du Var* (1859), pag. 188. Le comice agricole de Toulon demandait la prohibition formelle de l'emploi des filets, piéges et gluaux dans le département du Var. Le conseil général repoussa cette demande, après un rapport dans lequel on lit les deux passages suivants : « On a exagéré, dans des proportions très-grandes, le mal que les insectes font aux récoltes. Certainement, laissa-t-on tous les oiseaux vivre le temps que la nature leur a fixé, je doute que les olives et les fruits ne fussent plus détruits par le ver rongeur..... » — « Les conclusions du rapport du comice agricole de Toulon sont des plus sévères; si elles étaient adoptées, les chasses, qui amusent nos provençaux, telle que celle au poste des grives et des ortolans, ne pourraient plus exister; à la vérité, on pourrait tirer ces délicieux volatiles avec le fusil; mais, au poste, il faut avoir des appeaux, et comment se les procurer si la chasse au filet et à la glu est interdite. » *Délibérations* (1860), pag. 171. Le comice agricole demande que le temps pendant lequel la chasse à la glu est permise, soit restreint. Le conseil général repousse ce vœu.

répandue dans notre pays, la seule possible, je veux parler de la chasse au poste. Perdu dans les nombreux rapports sur les pétitions, que le peuple a le tort de lire trop rarement, le rapport de M. Bonjean a profondément ému les quelques chasseurs provençaux qui l'ont lu. Ils se sont vus menacés dans les habitudes de toute leur vie, dans les souvenirs de leur jeunesse, dans un de leurs plaisirs les plus vifs. L'idée nous est alors venue d'utiliser les loisirs des mois consacrés à la chasse, à élever la voix en leur faveur, à défendre leur cause, à combattre les prétentions du comice agricole de Toulon, et les conclusions du rapport de l'honorable M. Bonjean.

Au premier abord, ce travail peut paraître futile; il n'en est rien cependant, et nous croyons entreprendre une œuvre utile et sérieuse.

Les plaisirs du peuple, j'entends les plaisirs innocents et honnêtes, doivent être respectés aussi bien que ses droits et ses besoins. C'est là une question de haute politique intérieure, qui mérite, pour être traitée, un autre cadre que celui-ci. Nous devons cependant la poser. Le peuple qui s'amuse honnêtement aime la paix intérieure qui lui permet ses plaisirs, et fait tous ses efforts pour la maintenir; il aime le souverain qui la sauvegarde, et ne songe jamais à se plaindre. Mais aussi, qu'il soit troublé dans ses récréations légitimes, il n'en faut pas davantage pour l'aigrir et le détacher à jamais d'un état de choses qui la veille avait ses affections, et qui le lendemain n'a plus que sa haine. Rien n'est plus sérieux que cette observation. Aussi, croyons-nous qu'il est de l'intérêt de l'État de favoriser le développement de la chasse. Une bonne loi sur la chasse ne doit servir qu'à prévenir et à réprimer les abus, et non point à entourer les chasseurs de précautions et d'entraves qui les aigrissent, sans utilité pour la société.

Puisse cet opuscule servir à protéger les plaisirs de nos compatriotes, et notre but sera atteint.

Les chasseurs provençaux sont les plus malheureux de toute la France. Rien n'est ingrat comme le littoral méditerranéen pour la chasse ordinaire. Alors que dans le centre de la France, dans les plaines de la Champagne ou de la Picardie, dans les prairies de la Gascogne, dans toutes les autres provinces de la France, enfin, le chasseur peut choisir le gibier qui lui convient le mieux, chasser au chien-d'arrêt les compagnies de perdrix qui se lèvent nombreuses devant lui, poursuivre les lièvres et les lapins, monter plus haut encore et porter ses coups jusqu'au faisan, au chevreuil et au sanglier; alors que presque partout, sauf peut-être dans les Alpes et les Pyrénées, la chasse est douce et facile, vastes et fraîches prairies à parcourir, forêts magnifiques, où l'on ne ressent point les ardeurs du soleil, coteaux peu élevés dont l'accès est des plus commodes, immenses domaines, où le chasseur, avec la permission ou la tolérance d'un seul propriétaire, peut se procurer tous les plaisirs de la chasse, alors que les chasseurs des autres pays ont tout à souhait, gibier et facilité de chasse, voyons quel est le sort du chasseur sur le littoral du Var et des Bouches-du-Rhône. Les perdrix rouges y sont d'une rareté proverbiale. Quant au lièvre, plus rare encore, il est, dans certaines localités, considéré comme un animal mythologique.

Méry n'a-t-il pas dit (1), avec son esprit ordinaire et avec une grande vérité, sous l'apparence d'une exagération plaisante : « Le lièvre est un animal fabuleux dans « la mythologie des paysans de Marseille. Il y a pourtant « des lièvres sur cette zone; le chasseur qui a tué un

(1) Méry, *Marseille et les Marseillais*, pag. 94.

« lièvre dans sa vie, fait une date de cet événement ; il « dit : *c'est l'année où j'ai tué un lièvre*, comme on dit : « c'est l'année où je me mariai. »

Je ne parle pas du faisan ou du chevreuil, c'est l'inconnu.

D'un autre côté, la propriété est tellement morcelée et les propriétaires si peu endurants pour les chasseurs, parce qu'ils sont, en général, tous chasseurs, que la chasse est presque impossible dans nos pays. La contrée est d'ailleurs sillonnée de montagnes d'un accès très-dur, très-âpre, où le chasseur recueille encore plus de fatigue que de gibier.

Cette pénurie de gibier sédentaire et les difficultés de la chasse, ont donné naissance à une chasse particulière au Var et aux Bouches-du-Rhône : la chasse des oiseaux de passage avec appeaux.

La chasse à la caille avec appeaux a été interdite par la loi de 1844. Malgré cela, cette chasse se fait toujours librement à Marseille ; le Var seul a le triste privilége de voir exécuter sévèrement cette prohibition de la loi. Nous en reparlerons bientôt, pour indiquer les motifs qui, d'après nous, doivent faire disparaître de nos lois une prohibition qui a produit tous les effets que l'on devait attendre d'elle et qui, d'ailleurs, a fait son temps.

Reste la chasse à la grive et aux petits oiseaux de passage. C'est cette chasse qui était menacée par le rapport de l'honorable M. Bonjean, dont voici les conclusions : « Puisque c'est de l'exception que sont venus tous les abus, il faut supprimer l'exception relative aux oiseaux de passage et rentrer dans la règle du second alinéa, portant que tous moyens de chasse autres que *le tir* et *le courre* sont interdits..... Dans l'intérieur des terres et pour les petits oiseaux, plus de filets, de piéges d'aucune espèce; que pour eux, comme pour les perdrix, cailles et faisans, le fusil soit le seul moyen de destruction; grâce à leur petitesse, beaucoup échapperont sans doute, au grand profit de nos récoltes. »

Nous croyions avoir le temps de faire parvenir jusqu'au Sénat nos plaintes et nos doléances, afin d'éviter une mesure dont nous allons montrer les graves inconvénients; notre œuvre était achevée, lorsqu'un arrêté de M. le préfet du Var, en date du 5 octobre 1861, approuvé par M. le ministre de l'intérieur, le 28 octobre dernier, est venu donner gain de cause complet au comice agricole, en dépassant même le but qu'il cherchait à atteindre. Dans cet arrêté, on lit :

« Art. 8. — La chasse au poste, à tir seulement, des oiseaux, tels que: pigeons sauvages, grives, merles, draines, loriots, ortolans, alouettes et oiseaux de pays, est permise avec appeaux et appelants, chouette et miroir, depuis le jour de l'ouverture de la chasse jusqu'au 30 novembre inclusivement;

« Art. 10. — Tous les moyens de chasse, autres que le fusil et ceux énoncés ci-dessus, et tels que glu, filets, collets, lacets, piéges et autres engins et instruments en usage dans le pays, sont formellement interdits. »

Voilà les deux articles de l'arrêté préfectoral, qui vont jeter une perturbation évidente dans les habitudes du pays. Vous dites que la chasse au poste avec appeaux est permise, et, d'un autre côté, vous défendez la chasse à la glu et au filet. Comment prendra-t-on des appeaux? Pour chasser au poste licitement, il faudra commencer par commettre un délit de chasse. Ne sentez-vous pas la contradiction flagrante qui existe entre ces deux articles? Cela n'équivaut-il pas à dire : la chasse avec appeaux est permise, mais il est défendu de prendre des appeaux; ne valait-il pas mieux dire, nettement, la chasse au poste est interdite, que de le dire avec des ambages et des moyens détournés.

Notre œuvre aujourd'hui aura un double but : éclairer l'autorité administrative sur les conséquences fâcheuses d'une grave mesure, implorer la protection du Sénat lui-même, gardien vigilant des intérêts du peuple. Espérons qu'avant de consacrer définitivement un état de choses qui détruit les plaisirs de deux départements importants, l'autorité daignera s'entourer de renseignements plus exacts que ceux qui ont été fournis à M. Bonjean, et, qu'après avoir entendu les accusateurs, elle voudra bien entendre les accusés. Nous ne savons si nos paroles pourront faire changer les résolutions de l'autorité administrative; mais, quel qu'en soit le résultat, nous croyons remplir un devoir en essayant de l'éclairer sur la portée d'un acte grave, et ce devoir, nous le remplirons jusqu'au bout.

Nous nous proposons d'examiner les dangers signalés par M. Bonjean, dans la chasse aux petits oiseaux, et de voir s'ils sont sérieux.

Nous verrons ensuite si la chasse, telle qu'elle se pratique en Provence, présente quelques dangers; si les mesures proposées par M. Bonjean, et adoptées en partie par M. le préfet du Var, n'offrent pas de très-graves inconvénients. Nous examinerons ensuite s'il n'y a pas des abus à combattre, et quels sont les moyens à employer.

I

Une idée ancienne déjà, et dont on viendrait faire une idée nouvelle, a été jetée dans la circulation par quelques esprits rêveurs, et bientôt on s'en est engoué comme de tout ce qui paraît nouveau. Cette idée, c'est que les petits oiseaux sont la sauvegarde de l'agriculture, parce qu'ils détruisent des masses considérables d'insectes, ennemis-nés de nos champs et de nos récoltes. Elle a inspiré à certaines personnes le dessein d'empêcher la chasse aux petits oiseaux autrement qu'au fusil, sous le prétexte que la chasse avec d'autres engins ou d'autres moyens était meurtrière et destructive. A l'appui de ces prétentions, on n'a pas craint d'avancer des erreurs manifestes et des exagérations regrettables, qui ont trompé l'honorable rapporteur au Sénat, comme elles trompent l'opinion publique. Ainsi nous voyons M. Bonjean dire, dans son rapport : « Dès que le retour du printemps « ramène dans nos contrées, par les bords de la Médi- « terranée, ces alliés fidèles que nos hivers ont forcé « à l'émigration, voici l'accueil qui leur est fait. Aux « environs de Marseille et de Toulon et des autres villes « ou villages de la côte, toutes les hauteurs sont garnies « d'engins de chasse ; et, au témoignage d'un homme di- « gne de foi, qui a étudié spécialement ce sujet, M. Sacc, « pendant les quelques mois que dure la chasse, *chaque « chasseur détruit de 100 à 200 becs fins, fauvettes, « gorge-rouges, etc., par jour.* » 200 becs fins par jour !!! grand Dieu ! Mais cela n'est jamais arrivé à personne dans nos pays ; jamais aucun chasseur n'a eu pareille bonne fortune ; et le plus grand nombre n'en tue pas autant, pendant toute la saison de la chasse. Nous n'avons point l'honneur de connaître M. Sacc, mais nous sommes certain qu'il n'a jamais chassé dans le Var, ni dans les Bouches-du-Rhône. Il a, d'ailleurs, soin de le dire lui-même dans sa lettre à M. Geoffroy Saint-Hilaire, il ne parle que d'après les renseignements que lui ont donnés *quelques personnes dignes de foi* (1). Nous serions heureux que M. Sacc voulut bien venir passer sur nos côtes une saison de chasse ; il serait certainement le premier à rire des renseignements qu'on lui a fournis et à regretter les exagérations qu'il a produites, comme tout honnête homme doit regretter les erreurs auxquelles il s'est laissé entrainer. Cette première assertion, du rapport de M. Bonjean, est une erreur manifeste ; nous l'affirmons de toute la force de notre conviction et de notre expérience, et de la notoriété publique. Mais il y a, dans ce passage du rapport, une autre erreur grave que nous devons signaler à son auteur lui-même. Ce serait, d'après lui, lorsque le printemps ramène les oiseaux des contrées où ils ont passé l'hiver, que cette *boucherie* aurait lieu. Or, ce retour des oiseaux a lieu en avril, époque où, dans le Var et les Bouches-du-Rhône, la chasse est toujours close. Ce ne peut donc être que quelques rares braconniers qui, bravant la loi, se livrent à une chasse illicite et abusive, contre laquelle nous ne saurions trop nous élever. Que l'on signale cela comme un abus révoltant, contre lequel la loi arme les tribunaux d'une juste sévérité, très-bien ; nous nous en applaudirons ; mais que l'on ne montre point cet abus comme un fait général et autorisé, pour

(1) Geoffroy Saint-Hilaire, *Acclimatation et domestication des animaux utiles*, pag. 121.

s'en créer une arme à l'aide de laquelle on voudrait nous priver de nos chasses ; ce serait véritablement inique.

C'est ainsi que, par des erreurs et des exagérations, on arrive à dénaturer la vérité et à tromper les consciences honnêtes. Nous dirons bientôt toute la vérité sur nos chasses aux petits oiseaux.

Mais est-il vrai que les oiseaux soient les puissants et indispensables auxiliaires de l'homme pour la destruction des insectes?

La réponse à cette question est complexe. Les oiseaux que l'on chasse sont divisés, par la science, en deux classes : les insectivores et les granivores. Sans attacher d'importance à cette classification, que je crois très-vicieuse, je reconnaîtrai volontiers, si l'on veut, que les insectivores, en général, peuvent être utiles à l'homme, en ce qu'ils détruisent beaucoup d'insectes; mais, j'ajouterai que les seconds sont au moins aussi nuisibles qu'utiles, et que le bien qu'ils peuvent faire est balancé par le mal qu'ils causent certainement.

Les insectivores sont utiles à l'agriculture, disons-nous; mais il ne faut rien exagérer. Malgré le nom d'insectivores, que leur donne la science, les oiseaux à becs fins : troglodytes, bec-figues, rossignols, rouge-gorges mangent des baies, des figues, des raisins, des olives en même temps que des insectes, et il ne faut point citer comme devant être pris en sérieuse considération ce fait, raconté par M. de Tschudi (1), d'un rouge-gorge *affamé* qui, renfermé dans une chambre, avala *six cents mouches* dans une heure. Sans ergoter sur ce chiffre de six cents mouches, qu'un courageux ami des oiseaux a sans doute eu la patience de compter,

(1) M. de Tschudi, *Les Insectes nuisibles et les Oiseaux*, pag. 18.

il faut remarquer que ce malheureux rouge-gorge était affamé et qu'il était prisonnier dans une chambre, où ne se trouvaient certainement ni baies, ni raisins, etc., et qu'il fut dès-lors obligé de faire, contre mauvaise fortune, bon cœur. Mais, de pareils faits isolés ne peuvent pas amener de sérieuses conclusions, pas plus qu'il ne serait sérieux de conclure que les Français sont anthropophages, parce que les naufragés de la *Méduse* ont dévoré les cadavres de leurs compagnons, que la faim et les angoisses avaient fait périr sur le célèbre radeau.

Il serait bon, d'ailleurs, que les protecteurs des oiseaux se missent d'accord sur ceux qu'ils considèrent comme utiles, et ceux dont ils vouent l'inutile existence aux coups des chasseurs, et Dieu sait toutefois s'ils s'entendent ! Pour n'en citer qu'un exemple, M. de Tschudi tient toutes les pie-grièches pour des insectivores fort utiles (1), qu'il faut partant respecter, et M. Toussenel voue ces mêmes oiseaux à l'exécration publique et prêche contre eux une sanglante croisade, avec cette éloquence originale qui lui est propre (2).

Nous concédons, d'ailleurs, sans difficulté, si l'on veut, que les vrais becs fins sont utiles à l'agriculture, et qu'il peut être d'un certain intérêt de les protéger. Peu nous importe; car, contrairement à ce qu'avancent nos adversaires, les becs fins sont en général chassés au fusil, et n'offrent aucune ressource pour la chasse au poste avec appeaux. Les plus utiles d'entre eux, au dire des comices agricoles, ne sont même pas chassés chez nous, soit que la chasse en soit interdite (3), soit

(1) M. de Tschudi, loc. citat., pag. 20.

(2) M. Toussenel, *Ornithologie passionnelle*, tom. III, pag. 84 et 89.

(3) Les hirondelles; la chasse en est défendue par l'arrêté préfectoral.

que les chasseurs les dédaignent à cause de leur petitesse (1).

Restent les granivores ou becs durs, et ici nous combattons énergiquement les conclusions des comices agricoles et celles du rapport de M. Bonjean.

Nous le disons hardiment, les granivores, tels que les moineaux, les bruants, les verdiers, les gros-becs ou loxiens ne sont d'aucune utilité pour l'agriculture; car, si d'un côté il est vrai que ces espèces d'oiseaux détruisent une certaine quantité d'insectes, d'un autre côté ils détruisent en grand nombre des graines et des plantes cultivées, de telle sorte que leur utilité est dépassée par leur nocuité. Ce n'est pas sans raison que la science leur a donné le nom de granivores. En effet, ils se nourrissent de graines avant tout, et, avec leur instinct naturel, ils choisissent les meilleures : le blé, le chanvre, le millet, la navette; voilà leur nourriture de prédilection; les plantes potagères et les graines sauvages et inutiles viennent ensuite; les jours de jeûne ils mangent de l'insecte.

Vainement quelques naturalistes, M. Florent-Prévost, notamment, cité par M. Bonjean, estiment-ils que ces oiseaux sont encore plus utiles que nuisibles à l'agriculture. Tout en m'inclinant devant l'autorité de leur science et en la respectant plus que ne le fait M. Toussenel (2), je me permets de ne point être de leur avis : je préfère, d'ailleurs, pour tout ce qui concerne les mœurs et les habitudes des animaux, aux naturalistes de cabinet, les naturalistes des champs.

Les uns étudient patiemment, savamment la nature dans les livres de leurs devanciers ou les notes de

(1) Les roitelets, les fauvettes, les troglodytes, les mésanges, etc.

(2) M. Toussenel, loc. citat., tom. III, pag. 49, 50, 96, 97.

leurs correspondants ; ils l'interrogent un scalpel à la main, et, d'un fait exceptionnel, ils concluent souvent à une règle générale. Ils observent l'oiseau, par exemple, dans un sujet qu'ils élèvent avec grand soin, mais qui, privé de sa liberté, modifie singulièrement sa manière de vivre, et, dans ses mœurs de captif, ils croient trouver les habitudes du libre habitant de la nature. Aussi, leur arrive-t-il souvent de commettre des erreurs graves que l'observation fait découvrir chaque jour.

Un exemple me vient en mémoire, et il a trait précisément à un granivore que l'on chasse à l'appeau, dans le Var et les Bouches-du-Rhône. Je veux parler du gros-bec (*Loxia coccothraustes*, de Linné). Voici ce qu'en dit Buffon : « C'est un animal silencieux, et qui « n'a ni chant, ni ramage décidé. Il semble qu'il n'ait « pas l'organe de l'ouïe aussi parfait que les autres « oiseaux, et qu'il n'ait guère plus d'oreilles que de « voix, car il ne vient point à l'appeau, et, quoique « habitant des bois, on n'en prend point à la pipée (1). » Eh ! bien, presque toutes les assertions de l'illustre naturaliste sont erronées. Ce loxien n'est point silencieux ; il fait entendre presque continuellement, en liberté comme en captivité, un sifflement aigu et prolongé. Puis, lorsqu'il entend un de ses semblables, il produit un espèce de cri métallique très-fort, ce qui fait dire aux chasseurs de nos pays que *le gros-bec compte ses écus*. Il n'est pas sourd non plus, car il n'y a pas d'oiseau qui vienne mieux à l'appeau. C'est avec l'appeau qu'on le chasse au poste, et il y vient si bien que, lorsque un vol de ces oiseaux passe à portée d'un appeau, il se précipite vers l'endroit ou celui-ci se fait

(1) Buffon, tom. XVII, pag. 33.

entendre. Le bruit du fusil les effraie fort peu. Ils partent à la détonation, mais l'appeau, chantant toujours, les rappelle encore, et il n'est pas rare de tuer un à un tous les gros-becs qui composent la petite troupe. Voilà ce que peuvent attester toutes les personnes qui ont chassé au poste ; je l'affirme en ce qui me concerne.

Il faut donc se méfier quelque peu des naturalistes de cabinet et de l'exactitude de leurs observations. Ajoutons encore que les mœurs, les habitudes, la nourriture d'un animal peuvent varier suivant les localités qu'il habite. De telle sorte qu'il est impossible à un naturaliste de l'étudier d'une manière complète, eût-il même la permission de chasser, toute l'année, dans le parc de Versailles, ou dans les forêts de la couronne.

Les naturalistes des champs, au contraire, lisent chaque jour le livre même de la nature, où Dieu a écrit de si belles pages de sa main créatrice. Ils assistent à chaque acte de la vie de l'oiseau, et, mieux que personne, ils peuvent la connaître. Devant eux, libre et indépendant, l'oiseau garde ses mœurs et ses habitudes ; il n'a pas les habitudes de la cage et de la captivité. Voilà donc ceux qu'il faut consulter ; eh ! bien, ils diront les ravages que les bruants, les pinsons, tous les becs durs, enfin, font dans les chènevières, dans les champs de blé, où ils s'abattent en troupes nombreuses. Ils diront que l'alouette, un bec fin cependant, est un oiseau des plus nuisibles à l'agriculture, parce que, très-friand des jeunes pousses des plantes, il détruit à leur naissance une foule d'herbes potagères ou fourragères. Les petits-pois, les haricots, le blé, la pomme de terre, etc., sont ravagés par les vols d'alouettes.

Ils diront combien mérite sa mauvaise réputation le moineau, *ce pillard effronté,* dont M. Bonjean a présenté si spirituellement la défense devant le jury de l'opinion publique. Ils diront que, dans nos pays, on ne peut calculer le mal que le moineau fait à nos blés, à nos raisins, aux figues, qui sont pour nous une importante récolte, aux petits-pois, aux salades, etc.; ils diront que, sur leurs observations et leurs demandes réitérées, M. Mercier-Lacombe, préfet du Var, avait, après l'avis du conseil général, pris un arrêté par lequel, *dans l'intérêt même de l'agriculture, il permettait aux propriétaires, possesseurs et fermiers, de chasser le moineau sur leurs terres, en tout temps et par tous les moyens possibles, à l'exception du fusil.* Je crois donc pouvoir affirmer que les granivores sont au moins aussi nuisibles qu'utiles à l'agriculture. Et, sur ce point, la science ne nous fait pas défaut. Nous lisons, en effet, dans le *Traité sur la culture des grains*, de Parmentier, célèbre agriculteur, qui écrivait, en 1802 : « Tous les « oiseaux à bec court et pointu font un grand dégât « dans les blés, et l'on peut même dire que presque toute « espèce d'oiseaux se nourrit de blé » (1). M. Bonjean lui-même, dans son rapport, dit que, d'après Geoffroy Saint-Hilaire, de si regrettable mémoire, les granivores sont nuisibles d'un côté et utiles de l'autre, et qu'il y a à établir la balance entre les services qu'ils rendent et le mal qu'ils font (2). Ajoutons qu'un des oiseaux que l'on chasse le plus en Provence, la grive, qui cependant n'est pas un granivore, mais un baccivore, est signalée par les auteurs de *la Maison rustique du* XIXe *siècle* comme faisant de grands ravages dans les vignes : « Les grives et les étourneaux, « qui y tombent par bandes, sont les animaux qui

(1) Parmentier, *Traité sur la culture des grains*, tom. II, pag. 330.

(2) Rapport de M. Bonjean ; — Geoffroy Saint-Hilaire, *Domestication et acclimatation*, pag. 121 ; — Gloger, pag. 314-324.

« font le plus de dégât, surtout dans les vendanges « tardives » (1).

Il me reste une observation importante à faire au point de vue de l'utilité des oiseaux pour les récoltes.

Les oiseaux ne peuvent être d'une certaine utilité que dans les pays où ils séjournent, et non dans ceux où ils passent. Les oiseaux de passage accomplissent chaque année deux voyages. On a cherché plusieurs causes à ces migrations, et l'on n'a pas manqué de dire que les oiseaux quittaient le Nord pour le Midi parce que, le froid tuant les insectes, ils ne trouvaient plus leur nourriture et étaient obligés d'aller la chercher sous des climats tempérés. Cette prétention, qui serait d'un grand poids en faveur des allégations du comice agricole, s'écroule devant le plus simple examen. Je comprendrais cela si les oiseaux insectivores émigraient seuls. Mais combien d'oiseaux, qui ne mangent pas même d'insectes, émigrent cependant. Ainsi, les pigeons, dont la nourriture est exclusivement végétale et dont le passage a donné naissance à la chasse marseillaise de *l'agachon*, si plaisamment décrite par Méry (2), trouveraient aussi bien cette nourriture dans le Nord que dans le Midi. Combien d'autres n'émigrent qu'à de grands intervalles, qui ne mangent que fort peu d'insectes : le bec croisé, par exemple (*Loxia curvirostris*, de Linné), qui se nourrit principalement de pignons de pommes de pin, et qui passe presque périodiquement tous les cinq ans. Pourquoi ne restent-ils pas toujours dans les forêts de pins du Nord, où ils trouveraient une nourriture plus abondante que sur les collines déboisées du Midi, ou pourquoi n'émigrent-ils pas toutes les années?

(1) *Maison rustique du* XIXe *siècle*, tom. II, pag. 111.

(2) *Marseille et les Marseillais*, par Méry, pag. 102.

Pourquoi le moineau du Nord, qui est signalé comme un grand mangeur d'insectes, ne va-t-il pas visiter les climats plus chauds lorsque le froid a tué les insectes? Il peut donc s'en passer pendant l'hiver? Pourquoi les oiseaux ne voyagent-ils pas tous à la même époque, et d'où vient que l'ortolan, par exemple, qui est granivore, devance tous les autres voyageurs et nous arrive dans les premiers jours du mois d'août, alors que l'été n'a point fini ses ardeurs, et où par conséquent il trouverait des insectes partout?

Il faut donc le reconnaître et le proclamer, dut M. Toussenel nous faire l'honneur de nous assimiler aux savants officiels, dans ces émigrations, les oiseaux obéissent à une loi certaine, mais dont les causes mystérieuses échappent à notre humaine faiblesse. C'est là un secret de la nature, et la science et la poésie (1) n'ont point encore déchiré le voile qui l'enveloppe.

Les oiseaux accomplissent donc deux voyages par an; lorsque l'été est sur son déclin et que les premières bises de septembre se font sentir, ils quittent les contrées du Centre et du Nord de la France et de l'Europe, et vont à la recherche des pays plus chauds. Ils émigrent en Italie, en Espagne, dans les îles méditerranéennes, en Afrique. Là, ils séjournent tout l'hiver; puis, quand le printemps renaît, dès qu'ils en ressentent la tiède haleine, ils repartent pour les pays qu'ils ont quittés, c'est-à-dire le Centre et le Nord de la France et de l'Europe. C'est là qu'ils passent l'été pour recommencer au printemps leurs émigrations périodiques. Les oiseaux ne séjournent en France que

(1) M. Michelet prétend que les oiseaux vont chercher la lumière. C'est une explication fort poétique; mais, est-elle sérieuse?

pendant les mois de mai, juin, juillet, août et septembre. Avril et octobre sont consacrés au voyage; les oiseaux passent le reste de l'année dans des contrées étrangères, où nous n'avons pas à nous occuper d'eux.

Leur utilité ne peut donc se faire sentir que pendant leur séjour en France, et dans les contrées seulement où ils sont pendant quelque temps sédentaires; ceci est vrai, surtout pour les granivores, qui, au dire de ceux-là même qui les supposent omnivores, ne feraient une vraie consommation d'insectes qu'à l'époque des nids, lorsqu'ils en nourrissent leurs petits. C'est ce que disent Buffon, Temminck, Toussenel, etc.

Pendant le temps consacré aux migrations, leur utilité cesse, car les habitudes et la nourriture des oiseaux sont forcément modifiées par les nécessités et les incidents du voyage; les insectes dont ils se nourrissent sont généralement très-petits et exigent une chasse patiente et par conséquent assez longue. Comme tous les voyageurs, les oiseaux de passage sont pressés, et ne vont point perdre leur temps à glaner minutieusement quelques insectes microscopiques pour chacun de leur repas. Au départ, ils ont hâte de fuir l'hiver qui s'approche et de gagner les climats tempérés. Au retour, les ardeurs amoureuses les pressent d'arriver dans les lieux où ils vont accomplir le grand œuvre de la reproduction.

Dans ces deux cas, leur nourriture est surtout végétale, et cela s'applique aussi bien aux insectivores qu'aux granivores et pourrait facilement se vérifier par l'examen de leur estomac. En septembre et octobre, ce sont les raisins, les figues, les herbes qui leur fournissent leurs aliments principaux et facilement trouvés. Nous avons vu déjà les auteurs de *la Maison rustique au* XIXe *siècle* constater les ravages que font les grives aux raisins.

En avril et mai, ce sont les herbes maraîchères encore, les graines, les baies de toute espèce qui forment leur nourriture; à ces deux époques, l'insecte n'est pour rien ou pour presque rien dans leur régime alimentaire.

Indépendamment de la nécessité où ils se trouvent de se mettre à la table que leur offre nos campagnes, sans perdre de temps à chercher leur nourriture, leur instinct, si parfait, leur a fait comprendre qu'une nourriture végétale et par conséquent rafraîchissante leur valait mieux que la nourriture animale et échauffante, à ces deux époques où ils sont sous l'influence des chaleurs de l'été ou des ardeurs de l'amour. Voilà ce que nous apprend l'observation.

N'est-il point vrai que jamais les oiseaux, les becs fins notamment, ne sont plus dodus et plus gras qu'en septembre et octobre? Eh! bien, y a-t-il quelqu'un qui doute qu'ils ne doivent leur graisse à l'absorption constante des figues et des raisins? (1) Ce fait est tellement certain, qu'un dicton populaire dit chez nous: qu'en septembre, les moineaux mêmes sont des becfigues. Plus tard, j'aurai de graves conséquences à tirer de tout cela. Pour le moment je me résume:

1° Les insectivores ou becs fins peuvent être utiles à l'agriculture, dans une certaine mesure;

2° Les granivores font au moins autant de mal que de bien à nos campagnes;

3° L'utilité des oiseaux ne peut se faire sentir que

(1) N'est-ce pas Martial qui a dit:

> Cum me ficus alat, quum pascar dulcibus uvis,
> Cur potius nomen non dedit uva mihi.

Il parle bien des figues et des raisins comme nourriture des becfigues, mais il ne dit pas un mot de l'insecte.

dans les pays où ils séjournent et non dans ceux où ils ne font que passer.

II

J'ai déjà dit que la pénurie du gibier sédentaire et les difficultés de la chasse avaient donné naissance à la chasse à l'appeau. Qu'est cette chasse et comment se pratique-t-elle? Voilà ce que je vais examiner. Il y a la *chasse à la caille* et la *chasse au poste.*

CHASSE A LA CAILLE.

Des cailles, en cage, sont placées sur des poteaux, en plein champ. Dès l'aube, elles chantent et attirent les cailles de passage. Dans la matinée, le chasseur fait *la battue*, c'est-à-dire, qu'avec des chiens ou des traqueurs, armés de gaules, il parcourt les vignes ou les prés dans lesquels les cailles se sont arrêtées au pied des appeaux. Le bruit des traqueurs ou l'ardeur des chiens fait lever le gibier, et alors le chasseur le tue au fusil ou le prend dans des filets placés droits en rotonde autour des appeaux, ou bien encore dans des filets nommés *tirasses*, qui sont jetés sur les vignes. Voilà comment se fait la chasse à la caille. Avant 1844, on faisait cette chasse à deux époques : en septembre, au moment où les cailles partent; en mai, lorsqu'elles reviennent des pays chauds. On nommait ces dernières : *cailles vertes*.

Lors de la discussion de l'article 9 de la loi sur la chasse, qui donne aux préfets la faculté de réglementer la chasse aux oiseaux de passage, M. Delespaul, député de Lille, plein de soin pour les intérêts gastronomiques des habitants du Nórd, proposa un amendement relatif à la caille :

« La caille, disait-il, arrive dans les départements du « Centre du 15 avril au 15 mai. Elle y couve et y reste « jusque vers la fin de septembre. La température, plus « ou moins douce et calme à l'équinoxe, retarde ou « avance son départ. Mais les moyens employés depuis « quelques années pour prendre aux filets *les cailles,* « *qui, à leur arrivée d'Afrique, commencent par s'a-* « *battre sur le littoral de nos départements méridio-* « *naux,* rendent ce gibier de plus en plus rare. Il y a « longtemps que nous sommes privés de cailles dans le « Nord ; même dans le Centre, on n'en voit guère plus. « On les détruit toutes dans le Midi : c'est cette des- « truction que je veux faire cesser..... J'ai l'honneur « de proposer à la Chambre le paragraphe additionnel « suivant : *La caille ne sera pas considérée comme* « *oiseau de passage.* »

M. Crémieux soutenait l'amendement en ces termes :

« Messieurs, cette question est fort grave, et voici « pourquoi : *les cailles, à leur arrivée, passent surtout* « *dans nos départements du Midi, dans ceux de nos dé-* « *partements méridionaux qui touchent à la Méditer-* « *ranée. Elles arrivent toutes fatiguées de leur course,* « *de leur immense traversée; les filets sont tendus; on* « *les saisit en masse.* Elles deviennent un objet de pro- « duit très-important pour la vente qui s'en suit, no- « tamment dans le département du Var..... En consé- « quence, je conçois très-bien qu'on ait proposé, du « côté du Nord, un amendement qui a pour objet de « laisser arriver les cailles » (1).

(1) *Moniteur*, du 13 février 1844, pag. 316.

L'amendement de M. Delespaul a été adopté ; dès-lors, la caille ne peut être chassée qu'au fusil, sans appeaux ni filets. Cette chasse ne peut être réglementée par les préfets.

En fait, que se passe-t-il depuis la loi de 1844?

On ne chasse plus la caille au mois de mai ; la chasse dans le Var et dans les Bouches-du-Rhône est close à cette époque. Le danger, le seul danger signalé par MM. Delespaul et Crémieux, et qui a motivé la présentation et l'acceptation de l'amendement, celui de voir les cailles fatiguées de leur traversée maritime tomber en masse dans les filets, a donc complétement disparu ; après leur arrivée sur nos côtes, les cailles peuvent librement monter vers le Nord pour y passer l'été, y nicher et même s'engraisser au profit des commettants de M. Delespaul. Mais en septembre, nous avons dans le Midi un singulier spectacle ; tandis que, dans le Var, les prescriptions de la loi sont exécutées avec rigueur, et que des procès-verbaux sont dressés et des condamnations prononcées contre les chasseurs qui attentent à la vie des cailles ou à leur liberté, avec filets et appeaux, *même dans les lieux clos* (1), le département des Bouches-du-Rhône, plus favorisé, voit ses Nemrods chasser librement la caille, avec appeaux et filets. Nous constatons ce fait, qui est patent, certain, dont tout le monde peut s'assurer ; nous nous plaignons de l'état d'inégalité dans lequel se trouve le département du Var, mais nous approuvons la sage tolérance dont le département des Bouches-du-Rhône est l'objet, et nous demandons que cette tolérance soit convertie en situation légale, aussi bien pour ce département que

(1) Jugement du tribunal correctionnel de Toulon, du 17 novembre 1860.

pour le Var. Ceci est peut-être un hors-d'œuvre de notre opuscule; mais il s'y rattache par quelques points, et fait d'ailleurs partie d'une pétition au Sénat dont notre œuvre n'est que le développement et la justification.

D'abord, il est certain que la caille n'est point ou presque point utile à l'agriculture; c'est un gallinacé qui se nourrit surtout et avant tout d'herbes et de graines. Le danger de destruction, résultant de la chasse qui leur était faite au mois de mai, n'existe plus. Cette chasse, éminemment abusive, a disparu, grâce à ce fait que la chasse est toujours close lors du retour des cailles, et que cette époque de fermeture est aujourd'hui tellement dans les habitudes administratives, qu'elle ne changera certainement plus.

Quant à la chasse à la caille de septembre, avec appeaux et filets, elle ne présente aucun danger. C'est là sans doute le motif de la tolérance dont profitent les chasseurs des Bouches-du-Rhône. L'amendement de M. Delespaul, se sera-t-on dit, avait pour cause la destruction des cailles au mois de mai, et, pour but, un obstacle légal à cette destruction. Suivons la pensée de l'amendement, empêchons la chasse au mois de mai, et voilà tout. C'est ce qui se fait, et l'on a raison de ne pas faire autre chose; car, je le répète, en septembre, la chasse à la caille avec appeaux et filets ne présente aucun danger. A cette époque, la caille a niché, et ce sont les cailleteaux, résultats de ces nichées, qui passent alors en abondance. Or, il y a peu d'espèces aussi fécondes que la caille. C'est, au dire de Buffon, un des oiseaux les plus amoureux de la création. Chaque femelle pond de 15 à 20 œufs : et il n'est pas rare qu'elle fasse deux pontes; c'est donc une espèce qui se reproduit abondamment, et qu'il est, dès-lors, d'autant plus impossible de détruire.

Sans appeaux, la chasse à la caille est presque impraticable dans nos contrées. Tandis que, dans les pays où les cailles nichent et séjournent, on connait les lieux qu'elles fréquentent et affectionnent, et que les chasseurs sont certains d'en trouver chaque jour, tant que l'émigration n'est pas complète, chez nous, au contraire, il faut que le hasard fasse sortir le chasseur, un jour du passage, et le conduise à l'endroit où les cailles se sont abattues, pour pouvoir en tuer quelques-unes; de telle sorte, que le résultat de la prohibition de chasser la caille, avec appeaux, est de nous priver presque complètement du plaisir de chasser ce gibier, et cela, à l'avantage des départements du Centre et du Nord de la France. Et encore, ces départements eux-mêmes n'en profitent pas beaucoup; la prohibition est toute au désavantage de la France et au profit des pays étrangers, notamment de l'Italie. Là, se renouvelle le danger signalé par M. Delespaul; les cailles, fatiguées par le voyage, deviennent, en grand nombre, les victimes des chasseurs, et cette chasse est un des grands plaisirs des Italiens, qui la font librement (1). Faut-il donc que nous ayions quelque chose à leur envier? « Vers le commencement de l'automne, dit Buffon, on en prend une si « grande quantité, dans l'île de Caprée, à l'entrée du « golfe de Naples, que le produit de cette chasse fait « le principal revenu de l'évêque de l'île, appelé, par « cette raison, l'*évêque des cailles*. On en prend aussi « beaucoup dans les environs de Pesaro, sur le golfe « Adriatique, vers la fin du printemps, qui est la saison « de leur arrivée. Enfin, il en tombe une si prodigieuse

(1) Pendant la guerre d'Italie, plusieurs de nos officiers généraux ont fait cette chasse, notamment à Lodi, où les grands propriétaires se faisaient un plaisir de les inviter à venir profiter de leurs appeaux et de leurs filets, librement employés.

« quantité sur les côtes occidentales du royaume de « Naples, aux environs de Nettuno, que, sur une « étendue de côtes de quatre ou cinq milles, on en « prend quelquefois JUSQU'A CENT MILLIERS PAR JOUR, « et qu'on les donne pour quinze jules les cent (un peu « moins de huit livres de notre monnaie), à des espèces « de courtiers qui les font passer à Rome, où elles « sont beaucoup moins communes » (1). Celà est vrai encore aujourd'hui. Ainsi que je l'ai dit, les Italiens jouissent d'une grande liberté en matière de chasse, et chaque année il arrive, à Marseille, des côtes d'Italie, des navires portant des quantités immenses de cailles vivantes, que l'on peut nous vendre moins cher que celles que l'on apporte mortes sur nos marchés (2).

Ainsi, le Midi est victime de cette prohibition de chasser la caille avec appeaux; le Nord lui-même est victime de cette loi, par lui provoquée, et qui ne profite qu'à l'Italie : *Patitur legem quem ipse fecit.*

Je suis certainement partisan de la concorde et de la fraternité entre les peuples, mais pas au point de vouloir dépouiller la France au profit d'une autre nation, ne fut-ce que de quelques cailles, et c'est là cependant le seul résultat actuel du malheureux paragraphe de l'article 9 de la loi de 1844.

Il faut donc conclure. Le maintien de la défense de chasser la caille au mois de mai est parfaitement rationnel. Mais il est juste, équitable et sans danger de nous donner, pour le mois de septembre, la liberté de chasser la caille comme on la chasse en Italie, c'est-à-dire avec appeaux et filets.

(1) Buffon, tom. XVI, pag. 105.

(2) Voir, entr'autres, le *Sémaphore*, du 10 mai 1860, annonçant qu'un paquebot, arrivé la veille de Gênes, a apporté environ 25,000 cailles vivantes.

CHASSE AU POSTE.

La chasse au poste est la mystification annuelle de tous les chasseurs provençaux. Chaque année, ils font, à grands frais, cette chasse, qui ne leur donne que des résultats insignifiants, et, malgré leur insuccès, ils la recommencent chaque année. Mais, dira-t-on, puisque cette chasse est si misérable, pourquoi y tenez-vous tant? Que voulez-vous! la passion de la chasse nous dévore; Nemrods insatiables, nous rêvons des scènes de carnage où les chevreuils, les faisans, les lièvres viennent tomber sous nos coups meurtriers; et lorsque nous descendons dans la réalité, nous voyons la nature, marâtre sans entrailles, refuser de livrer à nos ardeurs un gibier qu'elle réserve pour d'autres climats. Il nous faut apaiser, cependant, notre soif de sang, et alors nous nous rabattons sur le menu fretin, et nous aimons mieux tuer une grive ou un pinson chaque jour, que de ne rien tuer du tout. Nos instincts sanguinaires font, sans doute, frémir les poétiques et paisibles amis des oiseaux. Eh! mon Dieu! ce besoin de destruction n'est-il pas général? Les chasseurs veulent détruire les oiseaux, les comices agricoles veulent détruire les chasseurs, et les peuples, en général, recherchent et perfectionnent les moyens de s'entre-détruire. Que l'amour de la chasse au poste nous soit donc pardonné par nos ennemis; nous demandons, de plus, qu'il soit protégé par nos lois.

Voici en quoi consiste cette chasse.

M. de Barthélemy la décrivait en ces termes, à la Chambre des pairs, en 1844; ces paroles confirment tout ce que nous venons de dire : « Rien de pauvre en « gibier comme les environs de Marseille et le sol de la

« Provence, et cependant, le goût de la chasse y existe « à un haut degré ; mais c'est le goût d'une chasse sans « fatigues, d'une chasse sédentaire.

« Le dimanche, les négociants de Marseille vont se « renfermer dans de petites cabanes, et là, ils atten- « dent que le gibier veuille bien venir se placer sur des « rameaux d'arbres morts, qu'ils placent au-dessus de « quelques arbres verts qu'ils possèdent, mais pas en « très-grand nombre. Au pied de ces arbres, ils ont en « cage d'autres oiseaux ou appelants. Un malheureux « marseillais est homme à passer ainsi toute une se- « maine dans sa cabane, pour récolter, au bout de ces « huit jours d'attente, trois ou quatre grives. Voilà « quelle est la chasse des environs de Marseille. M. Méry « a fait, sur cette chasse, un poème très-amusant : je « regrette de ne pouvoir vous en lire quelques passa- « ges ; mais tant il y a, que si, après avoir supprimé « aux Marseillais la chasse aux cailles *(ils ont fait « comme si elle n'avait pas été supprimée)*, vous leur « supprimez encore la chasse aux appeaux, il n'y aura « véritablement plus de chasse pour eux. Les propriétés « sont si morcelées, et la terre est si pauvre aux envi- « rons de Marseille, que le gibier n'y trouve pas son « existence. Je crois que la chasse aux appeaux devrait « continuer à être permise. Ce mode de chasse est le « plaisir le plus innocent ; l'honnête bourgeois qui est « dans sa cabane n'est pas un braconnier ; il est chez « lui, il se place sur son terrain, il se sert d'un appeau, « et là, il tire quelques coups de fusil..... Il n'y a pas « de braconnage » (1).

Rien n'est plus exact que ces paroles. Qu'on me permette maintenant de citer quelques lignes tombées de

(1) *Moniteur*, du 29 mars 1844, pag. 758 et suiv.

la spirituelle plume de Méry, dans son livre : ***Marseille et les Marseillais***. Elles s'appliquent aussi bien au Var :

« La passion de la chasse est platonique à Marseille; « cette noble ville méritait mieux..... Dans toutes les « bastides de Marseille, il y a un poste. Un poste est « un cabanon recouvert de feuillages et percé de meur- « trières. Le chasseur va s'y installer avant le lever du « soleil, pour ne pas effrayer les oiseaux absents. C'est « là que, son fusil à la main et muni de la patience de « Job, il attend les grives, les pigeons, etc. A onze « heures, le chasseur, dont le fusil a gardé son inno- « cence, ferme son poste à double tour et descend à sa « bastide, pour déjeûner. Son gibier se nomme l'ap- « pétit. Point de bons postes sans pins..... Comme « auxiliaire des pins, le chasseur marseillais a inventé « le cimeau. Je me rappellerai toujours la stupéfaction « d'Alexandre Dumas, lorsqu'il aperçut un cimeau pour « la première fois. Je lui donnai des explications, et il « se rassura un peu. Le cimeau est un mât ou une « perche, mais sans antennes, sans le moindre rameau « à la tige; mais seulement, à son sommet, le cimeau « est orné de petites branches sèches, clouées, et assez « semblables à des bois de cerfs. Le chasseur vit dans « l'espoir que les oiseaux, cherchant des arbres pour « se reposer et n'en trouvant point, sont obligés de « faire une halte sur ce faux arbre d'occasion. *(Ce sont, « sans doute, les cimeaux qui garnissent les hauteurs « aux environs de **Marseille** et de **Toulon** et des autres « villes et villages de la côte, que **M.** Sacc a pris pour « des engins de chasse, alors qu'ils ne sont que les naïfs « auxiliaires d'une très-naïve chasse.)* Une des plus « considérables dépenses du chasseur marseillais, est « l'achat et l'entretien des appeaux. Les appeaux sont

« des oiseaux mis en cage et destinés à appeler les « oiseaux libres autour des postes » (1).

On voit donc ce qu'est la chasse au poste. On la fait à deux époques. Vers la fin d'août d'abord, le passage des ortolans commence; cette chasse dure jusqu'à la fin de septembre. C'est à ce moment que l'on tue, au poste, quelques becs fins : traquets, motteux, becfigues, que le hasard amène sur les cimeaux; chasse, hélas! bien misérable, car le jour où le chasseur qui, entré dans son poste à cinq heures du matin, en sort à neuf heures avec une douzaine d'oiseaux, tant becs fins que becs durs, est un jour fortuné qu'il marque d'un signe de triomphe sur son carnet ou dans ses tablettes de chasse. Que nous sommes loin des 200 becs fins de M. Sacc! *Risum teneatis amici.* Au mois d'octobre, commence la chasse à la grive, et aux autres oiseaux qui passent à cette époque, et qui sont, en très-grande majorité, des becs durs ou granivores : pinsons, bruants, verdiers, linottes, etc., tel est le gibier d'octobre. La chasse est alors un peu plus fructueuse, en général, qu'au mois de septembre (2); mais, hélas! combien les plus belles journées de chasse sont loin encore des exagérations des pétitionnaires. Nous n'osons point indiquer des chiffres, parce qu'on nous accuserait d'exagération contraire; mais nous ne craignons pas d'appeler sur nos chasses le contrôle le plus sévère, et nous sommes convaincus que, mieux éclairé, le Sénat se montrera circonspect dans les mesures à proposer, et que M. le préfet du Var voudra bien modifier le nouvel arrêté permanent qu'il a cru devoir prendre.

(1) *Marseille et les Marseillais*, par Méry, pag. 95 et suiv.

(2) J'écris ces lignes le 2 octobre. Je suis allé au poste à cinq heures et demie du matin, j'en suis sorti à huit heures et demie : j'avais tué..... un serin!!!!!! Voilà ce que l'on nous envie.

Jusqu'à présent, on n'a entendu que les accusateurs, c'est-à-dire les comices agricoles, que l'on veuille entendre la voix des accusés, des chasseurs; qu'un examen sérieux, mais contradictoire, soit provoqué; que des expériences aient lieu, et, après leurs résultats, nous attendrons avec confiance la décision souveraine.

Revenons à la chasse au poste. La grive est le gibier principal du mois d'octobre. C'est pour elle que les postes ont été inventés. J'entends déjà les amis des oiseaux s'écrier : mais la grive est un insectivore! Pas tout à fait. Indépendamment des considérations générales que j'ai présentées sur la chasse aux oiseaux de passage, je dirai que la grive et les oiseaux de même espèce, le merle, la draine, le mauvis, sont, à tort, classés parmi les insectivores, car les baies forment leur nourriture habituelle, les insectes ne viennent qu'en seconde ligne. Cela est si vrai, que les naturalistes ont senti le besoin de les séparer des insectivores, et qu'ils ont créé, pour ces oiseaux, la catégorie des baccivores : je n'ai rien à ajouter à cela.

La grive est donc l'un des principaux gibiers des postes; mais les granivores sont aussi l'objet d'une chasse assidue.

Cette chasse se fait à l'aide d'appeaux; de là, nécessité, pour faire cette chasse, de se procurer des appeaux. C'est cette nécessité qui est méconnue par l'arrêté de M. le préfet du Var; car, la capture des appeaux ne peut se faire qu'avec la glu et les filets, et ces modes de chasse sont interdits. Comment faudra-t-il faire pour prendre ces appeaux, dont on autorise cependant l'usage, en permettant la chasse au poste? L'arrêté préfectoral place donc les chasseurs dans un embarras dont il leur est impossible de se dégager.

L'industrie principale des oiseleurs de profession est

de fournir d'appeaux les chasseurs au poste. Ce sont eux surtout qui emploient la glu et le filet, pour prendre des oiseaux vivants. Or, un fait très-important à noter, et qui diminue singulièrement le prétendu danger de cette chasse, c'est qu'un grand nombre de ces oiseaux, qui ont servi d'appeaux, sont rendus à la liberté, lorsque la chasse au poste est finie : ils sont alors maigres des soucis de la cage, et indignes, par conséquent, de figurer sur la table du chasseur; la reconnaissance, d'ailleurs, lui défend de tuer et de manger d'utiles auxiliaires; d'un autre côté, peu de personnes veulent se donner la peine de garder des appeaux d'une année à l'autre; de telle sorte qu'on peut estimer que l'on donne la clef des champs à près des deux tiers des oiseaux pris à la glu et au filet pour servir d'appeaux. On voit dès-lors combien ces moyens de chasse, renfermés dans les limites que nous venons d'indiquer, sont peu dangereux.

Il faut examiner, maintenant, quels sont les oiseaux pour lesquels on emploie, en Provence, la glu et le filet. Ce sont évidemment ceux qui, pouvant vivre en cage, peuvent servir d'appeaux. Eh! bien, ce sont, surtout, les becs durs ou granivores qui servent d'appeaux : verdiers, pinsons, linottes, progers (1), etc. Parmi les insectivores, il en est fort peu qui supportent la vie captive, et il en est une raison immense au point de vue de notre cause. Si certains oiseaux ne peuvent vivre en cage, c'est qu'on ne peut leur donner la nourriture que leur destine la nature; ce sont ceux qui se nourrissent d'insectes, car l'homme ne peut leur procurer pareille nourriture, dans des conditions naturelles. Or, tous les becs durs vivent en cage très-longtemps; on a vu des

(1) Chics-perdrix.

chardonnerets et des pinsons vivre dix et quinze ans en captivité, sans avoir mangé une seule fois de l'insecte et nourris seulement de graines, et de feuilles de salades; cela confirme notre opinion, que les becs durs sont essentiellement granivores. Ce sont eux que l'on poursuit surtout, avec le filet et la glu, pour en faire des appeaux. Quant aux becs fins, il en est très-peu qui supportent la captivité; ceux qui vivent en cage sont donc moins insectivores qu'on veut bien le dire. Il y a, d'abord, les merles et grives, et le rouge-gorge qui sont baccivores, et qui peuvent vivre plusieurs années en cage, sans qu'on leur donne un seul insecte; d'autres, enfin, qui vivent une saison de chasse en cage, mais ne peuvent supporter plus longtemps la privation de leur nourriture préférée; ils sont en très-petit nombre. Pour nous, nous n'en connaissons que trois espèces : la mauviette (alouette lulu — *alauda arborea*), la pive-ortolane (pipi des buissons — *anthus arboreus*) et les bergeronnettes (*motacilla arborea et flava*). Voilà les oiseaux que l'on chasse à la glu et aux filets et dans les conditions que j'ai indiquées. Quant à l'innombrable tribu des becs fins ou insectivores, on ne les chasse pas à l'appeau parce qu'ils ne vivent pas en cage, et que, d'ailleurs, ils n'ont point de chant au moment du passage. Sans doute, il s'en prend quelques-uns au filet, à la glu, mais c'est une minorité si infime, que la capture de ces oiseaux ne peut constituer un danger sérieux pour l'agriculture. Il en est que l'on ne prend presque jamais, et que l'on rend à la liberté lorsque le hasard les fait tomber entre les mains des oiseleurs et des chasseurs, parce qu'ils sont sans profit pour eux. Ce sont, précisément, ceux que l'on signale comme les plus utiles, au point de vue de la destruction des insectes, ainsi, les roitelets huppés, les troglodytes, les petites fauvettes, les mésanges, les sitelles, les grimpereaux et les hirondelles. Indépendamment de leur exiguité, ils sont très-mauvais en cuisine et, de plus, ils ne vivent point en cage; dès-lors, l'oiseleur qui ne peut les vendre ni morts ni vivants, le chasseur qui ne peut rien en faire, les rendent à la liberté. Quant au rossignol, il se méfie de la glu et ne s'y laisse point prendre. Lorsque celui qui chasse au fusil le reconnaît, il ne tire point sur lui; et si, par hasard, on en prend au filet, on les relâche immédiatement, car sous notre beau ciel, nous sommes tous un peu poètes, et le chantre des bois trouve toujours grâce devant les chasseurs les plus ardents.

Voilà donc nos chasses. Ce que j'ai tenu à établir, à bien faire connaître, c'est qu'elles s'attaquent surtout aux granivores, et que les becs fins ne sont pour les postes qu'un aliment accidentel. En me résumant sur ce point, je dis que la chasse à la glu et au filet est indispensable pour fournir les postes d'appeaux; que cette chasse n'est point dangereuse, car elle se fait aux oiseaux les moins utiles à l'agriculture, dans la saison où les insectivores eux-mêmes font trève à leurs habitudes et ne dédaignent point certains fruits et certaines graines, les figues, les raisins, le sureau, etc., et que, d'ailleurs, la plus grande partie des oiseaux pris comme appeaux sont rendus à la liberté après la chasse. Nous avions donc le droit de dire, que la vérité connue devait singulièrement diminuer les exagérations fâcheuses des pétitionnaires. On a représenté la Provence comme un pays de meurtre et de carnage, où s'accomplissent, chaque année, d'immenses hécatombes de petits oiseaux, et l'on a oublié que nous n'avons pas, sur le littoral méditerranéen, d'autre chasse possible que la chasse au poste, forcément très-restreinte dans ses résultats, et que les pays où l'on tuait le plus de petits oiseaux étaient des contrées très-favorisées de la nature, où le gibier de toute espèce abondait, comme la Lorraine, la Champagne, le Languedoc, où, par conséquent, la chasse aux petits oiseaux pouvait être considérée comme un luxe et un superflu, et où, cependant, on la faisait sur une très-vaste échelle et avec bien plus de moyens qu'en Provence, c'est-à-dire, à la tendue, à la pipée, à la chouette, à la nappe, au lacet, au miroir, etc. Dans ces pays, la chasse aux petits oiseaux, par tous ces moyens, a pour but d'en prendre le plus grand nombre possible pour les livrer à la consommation; tandis qu'en Provence, la chasse à la glu et au filet a surtout pour but la capture des oiseaux vivants, des appeaux; la chasse pour l'alimentation se fait essentiellement au fusil.

III

Il faut cependant signaler ce qui peut être considéré comme un abus dans la chasse aux petits oiseaux, parce que nous voulons avant tout faire une œuvre de vérité, et si nous devons obtenir un succès, c'est en disant la vérité que nous voulons le mériter.

Partout il y a eu des abus en matière de chasse; peu à peu on les détruit. Par exemple, en Languedoc, on empoisonnait les alouettes et l'on en prenait ainsi des quantités considérables; ce moyen a été prohibé. En Corse, on chasse encore le merle et la grive au lacet, et cette chasse se fait dans de telles proportions, que l'on y tue plus de grives et de merles que dans toute la France.

En Provence, la chasse au poste est sans aucun danger; les pétitionnaires, le comice agricole de Toulon, notamment, seraient les premiers à le reconnaître, s'ils étaient interrogés sur ce point. Il nous faut examiner seulement la chasse à la glu et au filet. Quant aux autres engins, ils sont prohibés par la loi et par les arrêtés préfectoraux. Ils ne sont point, d'ailleurs, dans les habitudes des chasseurs provençaux, si l'on en excepte toutefois quelques braconniers incorrigibles, qui violent, de toute façon, la loi sur la chasse. Ainsi, point de lacets, point de *lèques* ou *quatre-de-chiffres,* point d'*espérinques,* point de raquettes, point de ces piéges meurtriers qui détruisent, en les faisant cruellement souffrir, des myriades d'oiseaux. Ce n'est plus alors de la chasse, c'est de la barbarie; ce n'est plus un plaisir, c'est de la spéculation toute pure. La prohibition de ces piéges est d'autant plus importante, que les becs fins seuls en sont les victimes. Ainsi, ce sont les lacets qui, dans les haies et les buissons, détruisent de grandes quantités de grives, de rouges-gorges et de bec-figues, attirés par l'appât des baies et des graines. Ce sont les *quatre-de-chiffres* et les *espérinques* qui, amorcés par des fourmis ailées ou des graines, attirent et prennent en très-grand nombre les motteux ou *culs-blancs* et les traquets. L'usage des piéges de cette nature est donc un abus que l'on peut détruire, avec d'autant moins d'inconvénients, que la prohibition n'atteindra point les vrais chasseurs, mais seulement les braconniers que j'ai signalés plus haut.

La chasse à la glu et aux filets renferment chacune un abus, auquel il est facile de remédier. Ceci n'est qu'une concession à nos adversaires; car, pour nous, nous sommes convaincus que ces chasses, s'adressant essentiellement aux granivores, sont sans danger pour l'agriculture. Mais enfin, croit-on que l'extension de ces chasses puisse être dangereuse; soit, nous le voulons bien, et nous disons que, s'il y a un abus, il n'existe que dans l'emploi de filets trop vastes ou d'un trop grand nombre de gluaux.

La chasse au filet se fait quelquefois avec de grands filets à deux bandes, qui prennent, d'un seul coup, tout un vol d'oiseaux (1). Si dans cette chasse il y a un abus, le voilà, il n'y en a pas d'autre.

Dans la chasse à la glu, il est des oiseleurs qui couvrent un arbre de gluaux; ils en emploient jusqu'à deux mille. Voilà le seul abus de la glu. Il est bon de faire observer que la chasse à la glu, dans ces vastes proportions, est une importation gênoise. Les Provençaux ne font la chasse à la glu que pour prendre des appeaux. Depuis un certain nombre d'années, des Gênois, établis en Provence, chassent à la glu, non-seulement pour fournir les postes d'appeaux, mais encore pour livrer à la consommation alimentaire une plus grande quantité d'oiseaux. C'est là l'abus. Mais, serait-il vrai qu'une prohibition absolue put seule faire disparaître ces abus? N'y aurait-il pas des remèdes moins radicaux, qui, donnant satisfaction aux prétentions des agriculteurs, sauvegarderaient aussi les susceptibilités des chasseurs? C'est ce que nous examinerons bientôt.

(1) Il n'est pas inutile de faire observer que ce fait ne concerne pas les insectivores, qui voyagent un par un et isolément. Les granivores seuls passent par bandes.

IV

Toutes les mesures radicales sont fâcheuses ; elles dépassent toujours le but qu'elles se proposent d'atteindre, et entraînent à leur suite, et pour leur exécution, des surveillances, des vexations, qui aigrissent et mécontentent le peuple. Le législateur de 1844 l'avait bien compris, en édictant la loi sur la chasse et en dérogeant, en ce qui concerne les oiseaux de passage, aux restrictions générales de la loi : « Votre commission, disait « le rapporteur, à la Chambre des pairs, ne pouvait « oublier que la chasse des oiseaux de passage cons- « titue, dans certains départements de la France, UNE « VÉRITABLE INDUSTRIE, QUE LA LOI NE PEUT DÉTRUIRE, « QU'ELLE DOIT, AU CONTRAIRE, PROTÉGER. Cette chasse, « qui se fait en grand, SANS POUVOIR ÊTRE JAMAIS UNE « CAUSE DE DESTRUCTION, doit tenir une place à part « dans la législation et être l'objet de règles spécia- « les..... Ce n'est pas généralement avec le fusil que « de telles chasses peuvent se faire ; les instruments et « engins propres à ces sortes de chasses varient de pays « en pays, comme les oiseaux mêmes qu'ils sont des- « tinés à prendre. Sous ce rapport, il était impossible « de spécifier, dans la loi, les modes et procédés de « chasse si divers dont l'emploi pourrait et devrait être « autorisé. Le projet qui, d'une part, interdit la vente « du gibier en même temps que la chasse, pendant le « temps prohibé ; qui, de l'autre, n'autorise que deux « modes de chasse pour le gibier qui reste en France, « d'une manière permanente et qui, par cette double

« disposition, détruit le braconnage, sans gêner l'exer-« cice légitime du droit de chasse, pose le principe de « règles toutes différentes pour le gibier de passage : il « charge les préfets des départements de prendre des « arrêtés, pour déterminer l'*époque* de la chasse des « oiseaux de passage, *les modes et procédés de cette* « *chasse*. Ainsi se trouve conciliée l'interdiction exigée « pour la conservation des récoltes et du gibier, avec « LES LICENCES RÉCLAMÉES PAR LES INTÉRÊTS DIVERS « D'UN ASSEZ GRAND NOMBRE DE DÉPARTEMENTS » (1).

Voilà les motifs qui ont fait admettre la faculté accordée aux préfets de réglementer la chasse des oiseaux de passage. Ces motifs ont-ils changé depuis? Nous allons voir que non. Mais nous ne pouvons nous empêcher de répondre d'abord à une observation fort singulière de M. le sénateur Bonjean, à propos de la distinction des oiseaux de passage d'avec les oiseaux sédentaires, et des règles spéciales qui régissent ceux-là : « La loi de 1844, dit-il, fut conçue dans l'intérêt « des chasseurs, bien plus que dans celui de l'agricul-« ture. Ce qu'on voulait, c'était de conserver le gibier « proprement dit : faisans, perdrix et cailles; quant « aux petits oiseaux, que dédaigne le véritable chas-« seur, le texte et la discussion de la loi témoignent « assez qu'on était *peu frappé alors du rôle important* « *que leur a réservé la Providence, dans la loi mysté-* « *rieuse de destruction qui maintient l'équilibre et* « *l'harmonie entre les diverses parties de la création.* »

Comment! la loi de 1844 est faite dans l'intérêt des chasseurs! c'est la première fois que nous entendons émettre une opinion pareille sur cette loi. Avant 1844, c'était la loi du 30 avril 1790 qui réglementait la chasse.

(1) Rapport de M. Franck-Carré, à la Chambre des pairs.

On ne la trouvait point assez sévère; c'est ce qui décida le gouvernement à présenter aux chambres la loi de 1844. Lisez ce que disait le garde des sceaux aux procureurs généraux, dans sa circulaire sur l'application de cette loi, et vous verrez que la loi avait pour but de sauvegarder d'abord deux grands intérêts, *la sécurité publique et l'agriculture* (1), et que la conservation du gibier ne venait qu'en troisième ligne :

« Monsieur le procureur général, l'opinion publique « accusait, depuis longtemps, notre législation sur la « chasse de faiblesse et d'insuffisance. Elle demandait, « contre le braconnage, des moyens de répression plus « sévères et plus efficaces. Le vœu qu'elle a exprimé a « été entendu par le gouvernement et les chambres : la « loi sur la police de la chasse a été rendue. Si cette « loi est exécutée comme elle doit l'être, avec une sage « fermeté, elle fera cesser les abus qui excitaient de si « vives et de si justes réclamations. Elle sera un *bienfait « pour la propriété et l'agriculture, qui regardent, « avec raison, les braconniers comme l'un de leurs plus « redoutables fléaux*. Elle préservera le gibier de la des- « truction complète et prochaine dont il était menacé. »

N'est-ce pas la meilleure réponse à faire à l'honorable M. Bonjean? Et l'examen des dispositions de la loi ne démontre-t-il pas que l'agriculture a singulièrement préoccupé le législateur de 1844, que les petits oiseaux eux-mêmes n'ont point échappé à sa sollicitude? Ainsi, la loi prohibe la chasse sur le terrain d'autrui, sans le consentement du propriétaire, et, en cas de contravention, l'amende peut être portée au double, si le fait de chasse a eu lieu sur des terres non dépouillées de leurs

(1) *Nouveau Code des chasses*, de MM. Gillon et de Villepin, pag. 28 *in fine*.

fruits (art. 11). Est-ce l'intérêt des chasseurs qui a dicté cet article, l'un des plus importants de la loi? n'est-ce pas, au contraire, le respect de la propriété agricole? C'est incontestable. Poursuivons; l'article 9 impose aux préfets l'obligation de prendre des arrêtés, pour déterminer les espèces d'animaux malfaisants ou nuisibles que le propriétaire, possesseur ou fermier, pourra détruire en tout temps sur ses terres, et les conditions de l'exercice de ce droit, sans préjudice du droit appartenant au propriétaire ou au fermier de repousser ou de détruire, même avec des armes à feu, les bêtes fauves qui porteraient dommage à ses propriétés. Ne voit-on pas là l'intérêt de l'agriculture?

Assurons-nous, enfin, que le législateur s'est préoccupé des petits oiseaux. L'article 9 donne, en effet, aux préfets, le droit de prendre des arrêtés *pour empêcher la destruction des petits oiseaux*. Faculté précieuse, qui, exercée avec intelligence mais aussi avec une sage prudence, est le seul remède pratique à appliquer aux maux dont se plaignent les pétitionnaires. Et quel est le motif qui a fait admettre cette faculté? « Depuis longtemps, disent MM. Gillon et de Villepin (1), on réclamait, « dans les intérêts de l'agriculture, contre la destruction des oiseaux; les insectes nuisibles se multiplient « d'une façon désastreuse, et il est reconnu que la « chasse qui se pratique par les oiseleurs, surtout dans « les environs des grandes villes, est la cause la plus « puissante de cette calamité. » Et le garde des sceaux, dans sa circulaire, écrivait ces graves paroles : « Les « mesures qui ont pour objet de prévenir la destruction « des oiseaux, ne seront pas nécessaires dans tous les « départements; *mais il en est plusieurs où elles seront*

(1) Gillon et Villepin, loc. citat., pag. 195.

« *réclamées, dans l'intérêt de l'agriculture, afin d'ar-*
« *rêter la reproduction, toujours croissante, des insec-*
« *tes nuisibles aux fruits de la terre.* »

Notons, en passant, que les plaintes sur la destruction des petits oiseaux étaient alors fondées ; car, tous les engins possibles étaient permis sous la loi du 30 avril 1790, et les oiseleurs faisaient de cette permission l'usage le plus abusif, en employant les engins les plus meurtriers : les collets, les lacets, les raquettes, les substances empoisonnées, etc. Mais il n'est pas exact de dire que le législateur de 1844 n'a pas été frappé de l'importance des petits oiseaux, et ne s'est pas occupé de les protéger. On voit qu'en 1844, comme en 1861, on soutenait que les oiseaux détruisaient un grand nombre d'insectes, et étaient dès-lors utiles à l'agriculture. C'est là le motif du droit concédé aux préfets de prendre des arrêtés, pour en arrêter la destruction complète. Mais on voit aussi que le législateur n'a pas voulu prohiber absolument les chasses locales, parce qu'il a compris, qu'en cette matière, une mesure générale était dangereuse, que la prohibition devait être restreinte à certains départements où elle pouvait être utile, que ces chasses ne pouvaient jamais amener la destruction des oiseaux de passage, et qu'enfin il ne fallait point priver le peuple des plaisirs si innocents et des bénéfices si légitimes et si honnêtes, qu'il puisait depuis si longtemps dans la chasse des oiseaux de passage.

Tout cela n'est-il pas vrai aujourd'hui encore? Incontestablement, reconnaissons-le; ne faisons point au législateur de 1844 l'injure de voir qu'il a été imprévoyant et imprudent. Ne disons point non plus, avec les pétitionnaires au Sénat et l'honorable M. Bonjean, que les préfets, surchargés de tant de soins, ne se sont point occupés des petits oiseaux; sans parler de l'arrêté actuel de M. le préfet du Var, résultat évident des pétitions et du rapport de M. Bonjean, arrêté qui provoque nos doléances, signalons les arrêtés antérieurs des préfets du Var et des Bouches-du-Rhône, accusés surtout d'une tolérance coupable au point de vue de la chasse des petits oiseaux, et qui cependant avaient pris les précautions les plus grandes pour sauvegarder les intérêts de l'agriculture, et les intérêts des chasseurs. Ainsi, ils prohibaient la chasse en temps de neige, la chasse aux hirondelles, l'emploi de tous les engins, tels que : lacets, collets, *espérinques,* etc., pour ne permettre que la glu et le filet, pendant des périodes fort restreintes. Répétons-le, la chasse faite avec la glu et le filet, aux époques des passages d'oiseaux, est sans danger. Croit-on, en laissant chasser, amener la destruction des oiseaux? On se tromperait. Ce ne sont point, en effet, les animaux que l'on entoure de plus d'égards et de protection qui résistent le plus. S'il en eût été ainsi, quelle race eût du se multiplier plus que celle des carlins! Eh! bien, malgré la tendresse des portières pour cet animal, la race a disparu sous le poids de son inutile oisiveté.

Mais, pour les races d'animaux utiles, ayons foi en la Providence, qui ne laissera jamais l'homme privé de leurs secours. Dieu a, sans aucun doute, établi une loi d'équilibre entre la reproduction et la facilité de destruction des espèces. Vainement multipliera-t-on les œuvres de destruction, rien ne pourra prévaloir contre les lois de Dieu. A l'oiseau, qui rend à l'homme le double service de le nourrir dans certaines saisons et dans d'autres de faire la guerre aux ennemis de ses récoltes, Dieu a donné une admirable fécondité, destinée à réparer les brèches faites par les besoins ou les plaisirs de l'alimentation.

Et ici, je suis tenté de faire comme Alphonse Karr et de me poser une question, dont la réponse pourrait faire un chapitre particulier, et qui, dans tous les cas, va me fournir un aliéna.

Pourquoi Dieu a-t-il créé les oiseaux? Dans le catéchisme des comices agricoles, je trouve la réponse : Dieu a créé et mis au monde les oiseaux pour manger les insectes, destructeurs des récoltes. Mais alors, une autre question me vient naturellement à l'esprit : Pourquoi Dieu a-t-il créé les insectes? Le même catéchisme ne répond point que c'est pour manger nos récoltes, mais il répond, sans doute, que Dieu a créé et mis au monde les insectes pour servir de nourriture aux oiseaux. J'avoue que je suis médiocrement satisfait de ces deux réponses; car, je me dis que si Dieu a créé les oiseaux pour manger les insectes et les insectes pour être mangés par eux, il a fait une absurdité, supposition injurieuse pour la sagesse infinie du grand Créateur. Il aurait mieux fait de ne créer ni les oiseaux ni les insectes, c'eût été plus simple, et les rouages de la nature eussent été moins compliqués. Aussi, je crois bien que si Dieu a créé les insectes pour servir de *pâture aux petits des oiseaux*, comme *sa bonté s'étend sur toute la nature*, il a eu un but plus élevé en créant l'oiseau. Le beau livre qu'on pourrait faire avec ce sujet: L'oiseau! M. Michelet en a fait un, bien remarquable; M. Toussenel en a fait un autre, fort spirituel; mais, qu'ils me permettent de le leur dire, ils ont étudié l'oiseau trop poétiquement, l'un, en analysant les mystères de l'âme des oiseaux; l'autre, en recherchant les analogies des diverses espèces d'oiseaux avec les individus de la race humaine. Ils ont trop négligé le côté réaliste de l'oiseau. Et cependant, quelle belle leçon se donne à lui-même M. Michelet, lorsque, racontant les services immenses que lui rendaient trois poules, en mangeant les limaces et les chenilles qui dévoraient ses plantes, il ajoute que « tout finit cependant et qu'il « fallut quitter la campagne. Que deviendraient-elles? « données, elles allaient être mangées certainement! (1) » et alors, après une longue délibération, se comparant aux sauvages, qui mangent du héros pour devenir héroïques, il mangea lui-même ses poules, sans aucune intention sans doute de leur ressembler un jour, mais pour leur éviter l'ennui d'être mangées par d'autres. Oui, poète, oui, philosophe, vous les avez mangées; vous avez mangé la noire, la grise, la pondeuse, et votre estomac, fatigué par les labeurs de l'étude, les a sans doute admirablement digérées. Oui, vous les avez mangées et vous avez bien fait, car, avec votre haute et vive intelligence, vous ne pouvez pas croire sérieusement que les poules n'aient été créées que pour croquer stupidement des limaçons sous les yeux de l'homme. Pour moi, pardonnez mon audace d'oser parler de moi après avoir parlé de vous, pour moi, dis-je, j'ai d'autres croyances. Je crois que l'homme, dernier être créé, le plus parfait de tous, et après lequel Dieu s'est reposé dans la contemplation de son œuvre, a reçu des mains de son Créateur, émerveillé de lui-même, le sceptre du commandement sur la nature entière. Je crois que, dans un de ces colloques mystérieux que Dieu a eus nécessairement avec le premier homme, il lui a révélé la puissance qu'il lui donnait. Il lui a dévoilé les arcanes de la création, il lui a appris le rôle que chaque être devait jouer dans la nature et lui a enseigné à se servir de tous les dons qu'il lui avait si généreusement octroyés. Instruit à cette divine école, l'homme en a

(1) Michelet, *L'Oiseau*, pag. 176.

mis les leçons en pratique, et ces leçons, perpétuées par la tradition, ont appris aux hommes de tous les temps l'usage des dons de Dieu. Je crois que Dieu a dit à l'homme, en lui montrant l'oiseau : « O homme! tu « vois cette créature admirable, eh! bien, c'est pour « toi que je l'ai créée; sous quelque forme qu'elle se « présente à tes yeux, souviens-toi que tu peux t'en « servir. Tu vois ces rapaces aux serres puissantes; « dans les villes, que tu bâtiras un jour, ils seront les « gardiens de la salubrité publique, en les nettoyant « des immondices impures qui pourraient t'empoison- « ner. Vois ces innombrables oiseaux, ornés des cou- « leurs les plus brillantes, je te les donne pour orner « tes jardins et tes bois; je veux que ta demeure soit « embellie; je t'avais donné les fleurs, je te donne les « oiseaux, fleurs ailées, pour parer les bocages.

« Entends cette mélodie qui s'échappe des arbres qui « t'entourent, ce sont les oiseaux chanteurs qui char- « meront tes oreilles de leurs harmonieux concerts, et « rompront ainsi le silence monotone de la nature.

« Contemple ces oiseaux qui se jouent sur les eaux, « et qui semblent couverts d'une fourrure épaisse. Ils « te donneront leur duvet pour réchauffer tes membres « glacés par la froide saison, ou par la vieillesse.

« Vois enfin cette longue série qui commence à ce « superbe oiseau, fièrement perché sur une branche, « chantant sa perpétuelle victoire, pour finir à ce « petit oiseau qui a bec fin, et que les âges futurs nom- « meront bec-figue; je te les donne encore, et remercie- « moi du présent que je te fais. Ils seront l'ornement « principal de ta table, leur chair succulente te fournira « les mets les plus agréables et les plus variés; si la « maladie t'a frappé, quand la convalescence te ramè- « nera l'espoir de la santé, la chair délicate des galli-

« nacés sera pour toi un aliment qui te ranimera, te « soutiendra sans te lasser. Si tu ouvres à tes amis « l'hospitalité de ta table, offres-leur ces becs fins déli- « cieux, et tu les verras tressaillir d'aise et chanter les « louanges du Créateur. »

Voilà, sans doute, ce que Dieu a dit à l'homme en lui parlant de l'oiseau, et si nous consultons la tradition, nous verrons l'homme usant de tous temps des dons précieux que lui a fait Dieu, consacrant ainsi par l'usage le droit de se nourrir des oiseaux. Ne voyons-nous pas, par exemple, les Hébreux se nourrir de cailles dans le désert ?

Les Romains étaient très-friands des petits oiseaux, qui font aujourd'hui nos délices. Les bec-figues figuraient avec le plus grand honneur sur leur table, si j'en crois Pétrone, racontant, dans son *Festin de Trimalcion,* que l'on servit des œufs, dans lesquels les convives trouvèrent de gras bec-figues, nageant dans des jaunes d'œufs épicés. *Pinguissimam ficedulam inveni piperato vitello circumdatam.*

Les merles eux-mêmes n'étaient point dédaignés; Horace nous l'apprend dans sa satire VIII, vers 91 :

Vidimus et merulas poni et sine clune palumbes.

Mais les grives étaient le gibier de prédilection des Lucullus de l'ancienne Rome. Horace nous l'apprend encore, lorsqu'il dit : Rien n'est préférable à la grive. *Nil melius turdo;* et Martial confirme également ce que je viens de dire, dans ses épigrammes 51 et 92 du livre XIII. La première est intitulée : *Couronne de grives;* il s'adresse à un de ses amis : Tu préfères peut-être une couronne de roses ou de myrthe; pour moi, j'aime mieux une couronne de grives.

Texta rosis fortasse tibi, vel divite nardo,
At mihi de turdis, facta corona placet.

La seconde est la glorification de la grive et du lièvre ; il assigne à la grive le premier rang parmi les oiseaux, et au lièvre parmi les quadrupèdes :

> Inter aves turdus, si quis me judice certet
> Inter quadrupedes, gloria prima lepus.

De peur de manquer de gibier quand les migrations des oiseaux les faisaient changer de climats, les Romains avaient des volières pour les engraisser ; c'est ainsi que Columelle nous apprend qu'ils engraissaient des grives, et, chose singulière, le mode de nourriture employé par eux était le même que celui que nous employons pour nourrir nos appeaux de grives : des figues sèches, coupées et mêlées avec de la farine (1).

Si des Romains nous passons aux Grecs, nous voyons le même gibier faire l'ornement des tables les plus somptueuses de ce peuple, qui a tenu, dans l'antiquité, le sceptre de la civilisation. Ainsi, dans son *Banquet des savants*, Athénée, décrivant les noces de Caranus, raconte qu'un des services se composait de grives rôties et de force bec-figues, sur lesquels on avait versé des jaunes d'œufs (2).

L'auteur de l'*Art culinaire chez les anciens*, le marquis de Cussy, nous dit (3) que les Grecs admettaient habituellement, sur leurs tables, les grives, les cailles, les alouettes, les rouges-gorges, les ramiers, les tourterelles, les perdrix, les bécasses, les bec-figues, les francolins.

Les Gaulois étaient peu difficiles ; aussi mangeaient-

(1) Columelle. *De rê rusticâ.*

(2) Athénée, *Banquet des savants.* Rapprochement curieux : les bec-figues étaient mangés à Rome comme en Grèce, avec une sauce aux jaunes d'œufs. — Voir le *Festin de Trimalcion*, cité ci-dessus.

(3) *L'Art culinaire, — les Classiques de la table*, tom. II, pag. 8.

4

ils des grues, des cigognes, des hérons, des corbeaux; mais ils mangeaient aussi des merles (1).

On comprend qu'il m'est impossible de faire ici l'histoire du gibier sur les tables de tous les peuples anciens et modernes; j'ai voulu seulement montrer que, dès la plus haute antiquité, les hommes ont mangé des petits oiseaux, et que cette tradition s'est maintenue jusqu'à nous.

En France, en effet, nous en retrouvons l'usage à des époques déjà bien éloignées de nous. L'auteur de l'*Art culinaire* nous dit, page 89 : « Aux faisans, que « l'on engraissa pendant un temps comme les chapons, « on préférait les gelinottes. Les pluviers étaient aussi « très-estimés; les grives et les étourneaux étaient fort « recherchés des habitants des villes. Champier (il « écrivait en 1560) dit qu'à Paris les alouettes étaient « le régal des riches et des pauvres, que plusieurs « provinces, entr'autres la Normandie, nourrissaient « beaucoup de merles; que l'on faisait grand cas des « corneilles grises; que les cailles, extrêmement com- « munes, étaient l'objet d'un commerce très-avan- « tageux avec l'Angleterre. Les tourterelles passaient « pour un manger exquis. Le bec-figue était si esti- « mé en Provence, qu'on y faisait des festins où l'on « ne servait que cet oiseau, accomodé de diverses « façons. »

Dans un menu, tiré des *Délices de la campagne*, par Nicolas de Bonnefons, en 1665, nous voyons figurer, au quatrième service, les bécassines, les grives, les alouettes, etc.

J'aurais trop à faire si je voulais citer tous les auteurs qui nous ont montré les petits oiseaux figurant sur les

(1) *Mœurs et vie privée des Français*, par La Bédollière.

tables françaises. Je ne rappelle plus que ces vers de Boileau, que tout le monde a dans la mémoire :

> Autour de cet amas de viandes entassées
> Régnait un long cordon d'alouettes pressées.

Ainsi donc, on a toujours mangé des petits oiseaux, et l'on a ainsi consacré, par un long usage, le droit de se servir des dons de Dieu.

Nous allons voir maintenant que, depuis les temps les plus reculés, tous les peuples ont employé, pour la capture des petits oiseaux, les mêmes moyens que nous employions avant le dernier arrêté préfectoral, et dont l'usage est aujourd'hui prohibé.

Ainsi, les Egyptiens connaissaient les filets à miroir; les tombes égyptiennes en présentent des spécimens, construits sur le même plan que ceux dont se servent actuellement les oiseleurs (1).

Les Grecs employaient, pour la chasse des petits oiseaux, la glu, les filets, les lacets, les trappes et les appeaux (2). Nous lisons, en effet, dans la paraphrase des livres d'Oppien, sur l'oisellerie, traduits du grec en latin, par M. Lehrs *(Collection des classiques grecs*, de Didot) : *Opera igitur venandi ad singulos usus distribuenda est, sive* VISCO, *seu* SETIS EQUINIS, *vel* FILIS *vel* LAQUEIS, COMPAGE *etiam, aut* ESCŒ *vel* AVIS ILLICIO *res agenda sit.* Il paraît que les oiseleurs grecs étaient habiles à imiter le chant des oiseaux et à les appeler de cette manière (3), car le même auteur nous dit : *Oportet autem aucupes ingenio versutos esse ut* AVIUM IMITARI VOCES *possint.* Ils prenaient à la glu un grand nombre

(1) *Wilkinson's ancient Egyptians*, vol. III, pag. 37.

(2) *Dictionnaire des antiquités grecques et romaines*, traduit de l'anglais, par M. Chéruel, pag. 64, au mot *Auceps*.

(3) Aujourd'hui, les chasseurs emploient, pour imiter le cri des oiseaux, de petits instruments en fer-blanc, appelés *chilets*.

d'oiseaux : *visco igitur capiuntur*, dit Oppien, et il cite une longue série de volatiles pour lesquels la glu était employée : les alouettes, les fringilles *(spini)*, c'est-à-dire les becs durs, les roitelets *(asteres)*, etc.

Ils chassaient la caille avec appeaux et filets!!!!!! Heureux peuple! Ils la chassaient avec les filets droits et les *tirasses*. *In sagenas incidunt; ..... etiam in terrâ hoc modo capiuntur; reti extenso*, etc. Ils avaient un grand nombre d'appeaux : *clamitantibus aliis natu majoribus illicibus*. Ils prenaient encore les merles et les grives aux lacets : *merulas capere licebit laqueo; sic etiam turdi capiuntur*.

Je n'en finirais pas si je voulais indiquer tous les procédés de la petite chasse des Grecs; je renvoie le lecteur au *Traité* d'Oppien, qui prouve que les Grecs avaient poussé fort loin l'art de l'oisellerie.

Les Romains étaient aussi ingénieux que les Grecs en cette matière; comme eux, ils se servaient de filets de diverses espèces, de gluaux, de lacets, de piéges, d'appeaux, etc. Les classiques latins fourmillent de passages où il est question de ces divers modes de chasse; j'en glanerai seulement quelques-uns. Je puise encore dans Horace, qu'il est de mode de citer souvent aujourd'hui, les vers suivants de l'ode II du livre des *Epodes* :

Aut amite levi rara tendit retia
Turdis edacibus dolos;
Pavidum que leporem et advenam laqueo gruem
Jucunda captat prœmia.

Martial nous apprend que l'on prenait les loriots à la glu et au filet à l'époque de la maturité des raisins :

Galbula decipitur calamis et retibus ales
Turget adhuc viridi quum rudis uva mero (1).

(1) Martial, *Epigrammes*, liv. XIII, épig. 78.

Il nous enseigne encore l'emploi combiné de la glu et de l'imitation du chant des oiseaux :

> Non tantum calamis, sed cantu fallitur ales
> Pallida dum tacita crescit arundo manu (1).

Nous trouvons encore la preuve de cet emploi dans ces vers de l'épître que Paulin de Nole adressait à Gestidius, en lui envoyant des bec-figues :

> Dum simili mentitur aves fallit que susurro
> Agmina viscatis suspendit credula virgis.

Il est évident que c'est dans la tradition des Grecs et des Romains, que les peuples qui sont venus après eux ont puisé les modes de chasse aux petits oiseaux. Ainsi, depuis plusieurs siècles, en France, on emploie des procédés divers pour cette chasse. Olivier de Serre, dans son *Théâtre d'agriculture*, publié vers 1560, énumère les chasses aux oiseaux usitées à cette époque; elles sont bien plus nombreuses qu'aujourd'hui. Ainsi, il cite : l'amorce, la pipée, la passée, le tombereau, la tonnelle, le feu, la glu, les laqs, la poche, les rets, la chouette, le duc, l'appeau, le rejettail, etc. (2)

Quelle que soit l'ancienneté de ces moyens de chasse, je comprends que, dans un intérêt de police, pour faciliter la surveillance de la chasse, on en prohibe quelques-uns; mais je ne comprendrais pas qu'on les prohibât tous, ce qui nous empêcherait d'user de ce que je considère comme un droit naturel, le droit de chasser les petits oiseaux. Car, si les petits oiseaux, comme tous les oiseaux édules, ont été créés pour l'alimentation de l'homme, leur capture est un droit certain pour l'homme. Or, pourquoi auraient-ils été créés, sinon pour cette alimentation? On ne peut trouver d'autre raison de leur

(1) *Id.*, 2. liv. xiv, épig. 218.
(2) Olivier de Serre, *Théâtre d'agriculture*, édit. de l'an xiv, pag. 769.

création; car, ainsi que je l'ai dit, s'ils avaient été créés pour dévorer les insectes, il faudrait qu'on nous apprît pourquoi Dieu a donné les insectes à la terre; tandis qu'avec cette idée que les oiseaux ont été donnés à l'homme pour ses besoins ou ses plaisirs, on explique très-bien que Dieu ait créé les insectes pour nourrir une partie de l'innombrable tribu des oiseaux, qui, sans cela, eut été une charge pour l'homme au lieu d'être pour lui un précieux avantage. Cela explique encore la fécondité des insectes qui, fort petits en général, servent de pâture à certaine catégorie d'oiseaux; pour les oiseaux, si nombreux à cause des besoins de l'homme, il a fallu créer une nourriture qui se renouvelât facilement et en abondance. Ainsi, c'est un droit pour l'homme de se servir des petits oiseaux; c'est ce droit dont on veut nous priver, sous le prétexte que les insectes nuisent aux récoltes, et que les oiseaux seuls peuvent préserver nos champs de leurs attaques et des ravages qu'ils produisent.

Que les insectes soient quelquefois nuisibles à nos champs, à nos récoltes, c'est incontestable; mais c'est là encore un fait naturel, se produisant selon les récoltes, avec des conditions diverses, et que tous les oiseaux du monde n'empêcheront jamais. On s'est plaint de tous temps des ravages des insectes, à des époques bien reculées, où il y avait, dit-on, plus d'oiseaux qu'aujourd'hui, et ces oiseaux ne défendaient point alors les champs contre les insectes. Ainsi, n'est-ce pas Terentius Varro qui nous parle du charançon et qui indique les moyens qu'employaient les Romains pour garantir les greniers à blé des visites de cet insecte? (1)

Sans remonter si loin et en restant en France, nous

(1) Terentius Varro, chap. *De tritico condendo.*

verrons qu'on s'y plaignait aussi du charançon. En 1786, nous apprend Parmentier, dans son *Traité de la culture des grains*, la société royale d'agriculture de Limoges mit au concours la manière de détruire le charançon (1). Et qu'on ne dise pas qu'à cette époque les ravages des insectes étaient moins grands qu'aujourd'hui; ils étaient, dans certains cas et dans certaines contrées, assez considérables pour être regardés comme une calamité publique et pour éveiller la sollicitude du gouvernement. En 1760, en effet, les fausses teignes furent si funestes aux blés, dans l'Angoumois, que le gouvernement s'en émut, et envoya deux membres de l'académie royale des sciences de Paris, MM. Duhamel et Tillet, pour prévenir et arrêter les dégâts, si c'était possible (2). Et cependant, les oiseaux étaient bien plus nombreux qu'aujourd'hui; il y a cent ans de cela, et l'on prétend que depuis, meurtriers impitoyables, nous avons détruit des myriades de petits oiseaux. On se plaignait aussi, alors comme aujourd'hui, du ver de l'olive, et un certain M. Sieuve, de Marseille, présentait, en 1769, à l'académie des sciences de Paris, un long mémoire sur les moyens de garantir les olives de la piqûre des insectes (3). Je pourrais multiplier ces exemples à l'infini.

Non-seulement nos adversaires exagèrent singulièrement le mal causé par les insectes aux récoltes, mais encore, aveuglés par leur zèle agricole et leur idée fixe, ils vont jusqu'à dire que *les maladies des végétaux sont amenées par l'affaiblissement produit par les attaques de ces légions d'animaux invisibles pour l'homme* (4).

Exagération inouïe, qui suffit à faire juger la thèse

(1) Parmentier, loc. citat., tom. II, pag. 331.
(2) Parmentier, loc. citat., pag. 346.
(3) Sieuve. — Paris, imp. de Michel Lambert, r. des Cordeliers (1769).
(4) Docteur Turrel, *Bulletin du Comice agricole.*

des amis des oiseaux. Est-ce que les maladies des végétaux se sont manifestées seulement dans notre siècle? Si je ne craignais que l'on ne m'accusât de faire de l'érudition facile, je pourrai me permettre encore une excursion dans l'antiquité; je me contenterai de rappeler qu'une des maladies qui attaquent nos blés, la rouille, était connue à Rome (1), et que les Romains la craignaient tellement, qu'ils avaient institué des fêtes, appelées *Robigales*, pour la conjurer. Ils faisaient, autour des champs, diverses processions, tous les ans, avant les calendes de mai, à peu près à la même époque où se font aujourd'hui les processions des *Rogations*, instituées aussi pour appeler sur les récoltes la protection de la Providence.

Les végétaux sont affaiblis, dit-on; mais alors, pourquoi cet affaiblissement et les maladies qui en sont la suite ne sont-ils pas généraux et ne se font-ils pas sentir toutes les années? Ainsi, n'est-ce pas en Irlande que s'est d'abord manifestée la maladie des pommes de terre? En Irlande, l'un des pays cependant où il y a le moins de petits oiseaux et où on ne les chasse presque pas. L'oïdium se fait-il sentir partout? Non; il est des contrées, des zones, même dans un département où le fléau réside depuis plusieurs années, qui n'en ressentent point les atteintes. Ainsi le Var, à propos duquel je suis étonné que le comice agricole de Toulon n'ait pas répété ce que dit M. de Tschudi sur l'Italie : *Il règne une odeur de meurtre sur le riant pays des orangers*, le Var possède des communes privilégiées qui n'ont point ou presque point subi l'influence de l'oïdium : Pierrefeu, Carcès, le nord du département, etc.

(1) Horace, ode XVII, liv. III, dit : *Nec sterilem seges rubiginem.... sentiet.*

D'un autre côté, si les végétaux étaient affaiblis, verrait-on, en certaines années, des récoltes exceptionnelles; en 1860, la récolte du blé a été merveilleuse en France, dans le Var notamment; il en a été de même de la récolte des olives, qui a dépassé les plus belles récoltes dont on ait souvenir en Provence. Est-ce que les oiseaux et les insectes ont été pour quelque chose dans ce phénomène? pas plus qu'ils ne peuvent avoir d'influence sur ce fait que le ver de l'olive ne paraît point toutes les années, mais bien tous les deux ans, à peu près, ainsi que l'ont observé tous les agriculteurs et tous les propriétaires.

N'est-il donc pas plus sage de chercher ailleurs la cause de la diminution de nos récoltes? D'abord, est-il bien certain que les récoltes aient diminué d'une manière absolue, et n'est-il pas plus naturel de penser que cette prétendue diminution est accidentelle d'abord, relative en second lieu? Accidentelle, en ce sens qu'elle est, pour certaines récoltes, le résultat de fléaux anormaux; relative, en ce sens que la main d'œuvre, les frais de culture et les dépenses générales ayant augmenté, sans que les récoltes eussent augmenté en proportion, il en est résulté une diminution fictive des produits.

Mais admettons, d'ailleurs, la réalité d'une diminution absolue; est-il vraiment sérieux d'en accuser les insectes d'une manière générale? Oui, les insectes peuvent être nuisibles, mais accidentellement; une année le charançon nuira au blé, l'année suivante il n'en paraîtra point; pendant un certain temps, des nuées de chenilles dépouilleront nos bois de pins de leurs vertes aiguilles, comme en 1859, et, l'année d'après, les chenilles auront disparu. D'autres fois, ce seront les pyrales qui dévasteront les vignes d'un ou de plusieurs départements, pour passer dans d'autres contrées, ou disparaître complètement ensuite. Donc, rien de général dans ces ravages d'insectes. Il faut, par conséquent, chercher ailleurs la cause des diminutions des récoltes, des maladies des végétaux. Eh! bien, n'est-il pas plus naturel de croire que les changements atmosphériques peuvent être la cause de ces fléaux. Sans parler de la théorie d'Arago sur le refroidissement du globe, il est certain que de très-graves changements ont eu lieu dans les conditions atmosphériques des saisons. Ainsi, il est reconnu de tous qu'en Provence, notamment, il pleut beaucoup moins qu'autres fois, d'une manière plus irrégulière (1), et que les vents y soufflent plus souvent et d'une manière plus impétueuse. Vous avez-là une cause normale des diminutions de récoltes, sans aller chercher les insectes et la destruction des petits oiseaux.

C'est encore dans les changements atmosphériques, dans la température, qu'il faut chercher la cause de l'abondance ou de l'absence des insectes. Quand une contrée est infestée d'un grand nombre d'insectes, on peut être sûr qu'une particularité atmosphérique, qu'une chaleur exceptionnelle, par exemple, s'est manifestée; qu'à cette chaleur un froid rigoureux succède, les insectes disparaîtront; les oiseaux sont sans influence contre ces invasions accidentelles. M. Sieuve, dont j'ai parlé plus haut, constate que, plus les hivers sont rudes, moins il y a de vers de l'olive (2).

Chaptal, ministre de l'intérieur et célèbre chimiste, dans son *Traité de la culture de la vigne*, nous apprend

(1) La sécheresse anormale de l'année courante est évidemment une cause naturelle de la diminution des produits de la terre.

(2) M. Sieuve, loc. citat., pag. 25.

que les larves des divers insectes ennemis de la vigne redoutent l'impression de l'air et surtout les vicissitudes de l'atmosphère, et qu'elles ne résistent pas plus aux froids qu'aux chaleurs (1).

Serait-il encore téméraire de penser que la terre est fatiguée de produire, et que sa lassitude est bien aussi pour quelque chose dans ces fléaux qui désolent nos campagnes. Et même, ne vaudrait-il pas mieux que l'homme fut assez humble pour reconnaître qu'il est aussi impuissant à découvrir les causes réelles des maladies des végétaux que les causes de ces épidémies terribles qui, à certaines époques, désolent le monde. A-t-on pu découvrir la cause de la peste qui désola Marseille et la Provence au XVIIIe siècle? Connait-on la mystérieuse origine du choléra asiatique, qui, depuis 1830, vient de temps en temps fondre sur notre pays? Nos adversaires penseraient-ils que les insectes et les petits oiseaux aient quelque influence sur l'apparition ou la disparition du choléra? L'oïdium ne serait-il pas le choléra de la vigne? Mystères profonds de la nature et de la Providence, que l'homme essaye vainement d'approfondir, et devant lesquels son intelligence s'arrête confondue. Reconnaissons ce qui est vrai et n'allons pas au-delà. Les insectes font infiniment moins de mal aux récoltes qu'on ne le prétend (2); leurs invasions

(1) Il ajoute encore que les insectes ont, parmi eux-mêmes, des ennemis redoutables : « Les larves, par exemple, dit-il, ont un ennemi puissant dans un insecte du genre des coléoptères, le carabe. » — Chaptal, *Traité de la culture de la vigne*, tom. I, pag. 365.

(2) Voici ce que disait, à ce sujet, le rapporteur de la commission des vœux du conseil général du Var, relativement à la pétition du comice agricole : « Ces Messieurs ont exagéré, dans une proportion très-grande, le mal que les insectes font aux récoltes. Certainement, laissa-t-on tous les oiseaux vivre le temps que la nature leur a fixé, je doute que les olives et les fruits ne fussent plus détruits par le ver

sont anormales, accidentelles et restreintes, et le commencement comme la fin de ces invasions dépendent plutôt de causes atmosphériques que de tout autre chose. Les oiseaux sont impuissants contre ces invasions; ils sont, d'ailleurs, moins utiles qu'on ne le pense, parce que leur nourriture varie suivant les saisons et suivant les pays où ils se trouvent (1). Enfin, il faut reconnaître que les insectes ne peuvent avoir aucune influence sur les maladies qui désolent nos végétaux.

Je termine ici ce que j'avais annoncé devoir être un aliéna seulement, et qui est, en réalité, un long et fastidieux chapitre, dont je demande pardon au lecteur.

V

Continuons notre examen.

Sur la foi des traités et de la loi de 1844, des industries nombreuses se sont maintenues ou établies : les oiseleurs, les marchands de gibier, les armuriers. Les mesures proposées par M. Bonjean, celles adoptées par M. le préfet du Var, amèneront une grande perturbation dans ces industries, surtout dans les départements du Var et des Bouches-du-Rhône, qui seront frappés

rongeur. Au ver que mangent les oiseaux n'est pas dû l'insuccès des récoltes. Le ver, qui détruit souvent le grain de blé jeté en terre, n'est pas devoré par les becs fins et les cailles, il se développe, se propage, suivant la température plus ou moins humide qui suit les semailles. »

(1) On nous assure que, depuis le rapport de M. Bonjean, quelques personnes ont examiné des estomacs de moineaux pris dans le Var ou dans les Alpes-Maritimes, et qu'elles n'y ont jamais trouvé d'insectes, mais des graines et surtout du blé.

sans compensation, car les oiseaux, ne faisant qu'y passer, n'y rendent aucun service.

La chasse au poste nécessitant l'emploi des appeaux, a donné naissance à l'industrie des oiseleurs et marchands de cages, et d'engins de chasse licites ; voilà un commerce complètement anéanti. Le principal gibier de nos pays consistant en oiseaux de passage, qui ne peuvent être chassés que par des moyens particuliers, c'est-à-dire à l'aide d'appeaux qui les arrêtent et les retiennent, et ces moyens étant prohibés, la chasse sera impossible. Dès-lors, plus de marchands de gibier, ou diminution notable du nombre de ces industriels. Il en sera de même des armuriers. Pourquoi acheter des armes ? pour poursuivre un gibier qu'il est impossible d'atteindre ! C'est parfaitement inutile. Voilà donc sur nos côtes plusieurs industries presque détruites, cruellement bouleversées, d'honnêtes pères de famille perdant leurs moyens d'existence et obligés de chercher une situation nouvelle pour donner du pain à leurs enfants.

Ce n'est pas tout ; d'autres intérêts, plus graves encore, seront lésés. Toutes ces industries sont soumises à une patente proportionnée à l'importance du local occupé. Ces industries étant détruites ou amoindries, il y aura fatalement diminution dans le nombre et dans l'importance des patentes payées. C'est-là une perte pour le trésor public, perte fâcheuse en tous temps, mais plus fâcheuse encore à une époque ou des voix autorisées signalent l'état pénible de nos finances. Et cette perte sera d'autant plus grave, que ces industries sont nombreuses à Marseille et à Toulon, comme dans toutes les petites villes de la côte. Je mets toujours Toulon sur la même ligne que Marseille, parce que les mesures proposées par M. Bonjean menacent l'une et l'autre de ces villes, et que l'arrêté de M. le préfet du Var pourrait bien n'être que l'avant-coureur d'un arrêté de M. le préfet des Bouches-du-Rhône; car je ne suppose pas que le Var soit seul frappé, et que les Bouches-du-Rhône soïent favorisées au point qu'on y puisse employer des moyens de chasse qui seraient interdits ici, inégalité trop choquante pour qu'il soit possible de la présumer.

Continuons. Certaines de ces industries paient des taxes locales, comme les oiseleurs, qui paient des droits de place sur les marchés de Marseille et de Toulon. Les oiseleurs supprimés, nouvelles pertes pour ces communes.

Dans beaucoup de grandes villes, Lyon, Bordeaux, etc., le gibier paie un droit d'octroi. Ce droit va être établi à Toulon; le conseil municipal l'a voté dans un nouveau tarif. Eh! bien, la prohibition des procédés de chasse spéciaux pour les oiseaux de passage amènera une diminution notable du gibier apporté sur les marchés, et, par conséquent, une diminution des recettes communales dans les villes où le gibier paie une taxe d'entrée.

Presque toutes les communes de nos côtes subiront une perte considérable, par suite de la diminution des permis de chasse; car, il ne faut point se le dissimuler, le nombre des permis de chasse décroîtra dans une large proportion. Ainsi, tous les oiseleurs étant supprimés par la prohibition de la chasse au filet et à la glu, ils ne prendront plus de permis. Il en sera de même des chasseurs au poste, en si grand nombre sur le littoral du Var et des Bouches-du-Rhône. Ainsi, à Marseille, on compte environ DIX MILLE POSTES, bons ou mauvais (Méry s'écrierait : il y a donc de mauvais postes!!!) Eh! bien, retranchez les propriétaires des postes situés dans les endroits clos, ceux qui sont assez fanatiques de la chasse pour courir sus aux moineaux, et qui, dans ce but, prendront un permis, vous trouverez encore plusieurs milliers de chasseurs qui, privés de la seule chasse possible, à Marseille, ne se muniront plus de permis de chasse. Voilà encore une perte très-grave pour le trésor et pour la commune de Marseille. Nous connaissons intimément une petite commune, située à quelques kilomètres de Toulon, Ollioules; on y prend environ 80 permis tous les ans; sur ce nombre, il y en a près de 60 qui ne sont pris qu'en vue de la chasse au poste; cette chasse supprimée, on supprime du même coup le revenu d'une soixantaine de permis, soit six cents francs environ, à une commune qui a besoin de toutes ses ressources. Ce fait se manifestera dans la plupart des communes de la côte.

Le grand nombre de postes nous amène à parler d'un autre inconvénient fort grave; nous voulons parler d'une diminution considérable de valeur territoriale qu'entraînera, dans certains pays et notamment à Marseille, la suppression de la chasse au poste. En effet, on estime qu'un poste donne, à une propriété, une valeur supérieure à sa valeur intrinsèque. Il est des postes que l'on loue fort cher, à Marseille, jusqu'à trois cents francs pour une saison; ce n'est là qu'une valeur de fantaisie; mais, en réalité et dans les ventes, une propriété qui a un poste se vend facilement mille francs de plus qu'une autre propriété dans les mêmes conditions, qui n'a pas la bonne fortune de posséder un poste. C'est là un fait de notoriété publique : or, il y a environ dix mille postes à Marseille, la mesure qui les supprimerait amènerait donc une diminution d'environ dix millions dans la valeur territoriale de cette commune. Le trésor s'en ressentirait par la diminution des droits de mutation, conséquence de la diminution des prix de ventes.

Il faut signaler encore la perte qui résulterait, pour le trésor, de la diminution du débit de la poudre de chasse. Mentionnons, enfin, la perte que ferait les marchands de plomb de chasse et de capsules, par la diminution de la vente de ces marchandises.

Le public lui-même se ressentira de ces prohibitions! car la diminution du gibier, pris ou tué, amènera une grande augmentation de prix pour celui qui arrivera sur nos marchés.

Ainsi, on le voit, les mesures projetées, effectuées, en partie, par l'arrêté de M. le préfet du Var, présentent les plus grands inconvénients, en ce que de graves intérêts publics et privés sont lésés.

Mais, enfin, tous ces sacrifices, imposés principalement aux deux départements du Var et des Bouches-du-Rhône, tourneront-ils au moins au bien général de la nation, auquel cas la nécessité de ces sacrifices pourrait peut-être se justifier? La France, devenue une terre hospitalière pour les petits oiseaux, les verra-t-elle rester dans son sein, renoncer à leurs émigrations périodiques, profiter de la protection accordée par le législateur et récompenser ses habitants en détruisant les insectes?

Hélas! les oiseaux, en émigrant, obéissent à leur instinct et à une loi divine, et toutes les lois humaines ne les empêcheront pas de quitter la France, chaque année, aux époques marquées par la Providence, et tous les oiseaux, épargnés de par nos lois, iront en plus grand nombre fournir aux plaisirs et aux besoins des nations voisines.

Voyez ce qui se passe en Italie, au dire de M. de Tschudi: « C'est un fait connu, qu'à l'époque des migrations des

« oiseaux, au printemps, mais surtout en automne, les « Italiens sont pris d'une véritable rage pour la chasse « aux oiseaux. Gens de tout âge et de toute condition, « enfants et vieillards, nobles, négociants, prêtres, « ouvriers, manœuvres, paysans, tous abandonnent « leur travail accoutumé, pour attaquer, comme des « bandits, les troupes de ces hôtes passagers. Au bord « des ruisseaux et dans les champs, partout l'air retentit de coups de feu ; on pose des filets, on dresse des « piéges, on place des gluaux ; sur toutes les collines, « propres à celà, on établit des aires *(roccoli)*, avec « des éperviers et des chouettes, pour attirer les petits « étrangers et les égorger. Et ce ne sont pas seulement « les grands oiseaux de chasse qu'ils cherchent à prendre, mais ce sont surtout les petits insectivores, les « oiseaux chanteurs, et les rossignols même que l'on « détruit ainsi. Les hirondelles, qui, en Suisse et en « Allemagne, trouvent chez l'homme une espèce de « protection, sont prises en quantités innombrables, et « cela, souvent de la manière la plus cruelle, au moyen « de hameçons, auxquels on attache un ver ou un « insecte ou une petite plume que l'on fait voler en « l'air et auxquels les hirondelles se prennent. Pour se « faire une idée de ces exterminations, auxquelles, « pendant plusieurs semaines, toutes les classes de la « population se livrent par tradition, il suffit de savoir « que, dans un seul district, au bord du lac Majeur, le « nombre des oiseaux chanteurs et des petits oiseaux « égorgés chaque année s'élève de 60 à 70 mille, et « que dans la Lombardie, en un seul jour, dans un « seul *roccolo*, l'on en prend souvent jusqu'à 1,500 ; en « sorte que près de Vérone, Bergame, Brescia, le « nombre des petits oiseaux tués pendant un seul automne monte à plusieurs millions, et ceci n'est qu'une

« très-petite partie de l'Italie. Vers le sud, c'est la « même chose : l'extermination atteint des multitudes « innombrables » (1).

Voilà donc ce qui se passe en Italie, et l'on voit que les Provençaux sont singulièrement distancés par les Italiens!!! M. de Tschudi ajoute que cette passion italienne a pénétré en Suisse, dans le canton du Tessin notamment, parce qu'aucune patente ne limite la chasse aux petits oiseaux. Et nous ne savons pas ce qui se passe dans les autres contrées, ou certainement la chasse se fait avec une grande liberté, comme en Espagne, en Grèce, en Afrique, etc.

Aussi, toutes les prohibitions dont nous sommes menacés manqueront-elles leur but. Nous épargnerons les oiseaux, nous assisterons à leur passage annuel sans pouvoir les tuer, et tout près de nous, à nos portes, nous verrons les étrangers profiter de nos lois et de notre générosité. Est-ce équitable? est-ce juste? est-ce politique? et, en vérité, n'est-ce pas là un des plus graves inconvénients des mesures proposées?

Aussi, le comice agricole de Toulon, par la plume d'un de ses membres, zélé défenseur des petits oiseaux, M. le docteur Turrel, demande-t-il *des négociations internationales pour obtenir des gouvernements européens une répression à la chasse acharnée à laquelle se livrent, contre les oiseaux insectivores, les populations méridionales et les braconniers de tous les pays.*

A la bonne heure! si la chasse aux petits oiseaux était prohibée partout, cette mesure pourrait avoir quelque influence sur l'augmentation du nombre de ces intéressants volatiles. Mais n'est-ce pas là un songe creux, comme le rêve de la paix universelle ou tant d'autres!

(1) M. de Tschudi, loc. citat., pag. 12.

Sera-ce le gouvernement italien qui prendra l'initiative de ces mesures? Il a trop à s'occuper des hommes pour s'occuper des petits oiseaux. Qui pourra jamais empêcher l'Arabe du désert ou le Druse du Liban de tendre des piéges aux petits oiseaux et de profiter ainsi de la nourriture que Dieu leur envoie, comme jadis il envoya des troupes innombrables de cailles aux Hébreux affamés dans les solitudes de la Chaldée?

Aussi, M. Bonjean s'est-il prudemment abstenu d'aborder cette face de la question, fort importante cependant, en ce que, sans ce complément, les mesures proposées seront inefficaces, injustes et vexatoires. Il y a toutefois quelque chose à faire pour amener une augmentation du nombre des petits oiseaux, et les chasseurs ne s'en plaindront pas, car ils sont intéressés eux-mêmes à cette augmentation. C'est le sujet de notre dernier paragraphe.

VI

Nous avons vu M. Bonjean, après avoir signalé ce qu'il croit être le mal, proposer deux remèdes : 1° supprimer la distinction faite pour les oiseaux de passage, les placer sous l'empire des dispositions générales de la loi de 1844, et, partant, en prohiber la chasse par tous autres moyens que le *tir* et le *courre ;* 2° interdire formellement l'enlèvement des œufs et des couvées de toute espèce.

Le comice agricole de Toulon proposait plusieurs autres remèdes, que le silence de M. Bonjean a suffisamment condamnés ; nous croyons, toutefois, devoir en dire deux mots.

Il demandait : 1° la prohibition de la vente des insectivores sur nos marchés ;

2° La création d'un impôt pour la possession en cage d'oiseaux chanteurs ;

3° L'abolition de la franchise accordée aux propriétés closes, au point de vue de la chasse.

Tout ce que j'ai dit déjà démontre combien serait fâcheuse la prohibition de la vente des becs fins sur nos marchés. Je n'y reviens pas.

Est-il plus sérieux de demander la création d'un impôt sur les oiseaux en cage, sous le prétexte, invoqué par M. Turrel, qu'en Saxe, on paie 20 francs pour un rossignol captif ?

Serait-il vrai que

> C'est du Nord aujourd'hui que nous vient la lumière,

et que l'idée grotesque des Saxons ait quelque chance de succès dans notre pays ? Non ! En France, rien ne résiste au ridicule. Or, voyez-vous d'ici les serins soumis à la patente ; voyez-vous d'ici les contrôleurs des contributions aller, de porte en porte, faire le recensement des oiseaux en cage. Une mesure pareille serait accueillie par un immense éclat de rire et n'y résisterait pas. Imposez les chevaux de luxe et les voitures, si vous trouvez que nous n'avons pas assez d'impôts, mais ne songez point aux petits oiseaux ; c'est par trop puéril.

La troisième demande du comice agricole, relative à la franchise des lieux clos, soulève une des plus graves questions qui aient préoccupé le législateur de 1844. Ce n'est qu'après de solennels débats, aux deux chambres, entre les membres les plus sérieux de nos assemblées délibérantes, MM. Vivien, Franck-Carré, Pascalis, Rossi, Gillon, Martin (du Nord), Hébert, etc., que la permission de chasser, en tous temps, sans permis, a été accordée aux propriétaires de terrains clos, attenant à une habitation. *C'est une immunité nécessaire, inévitable,* disait M. Pascalis. C'est le respect du domicile qui l'a fait admettre. *En effet, pour nous,* disait M. Vivien, *d'après le Code pénal, d'après nos mœurs, ce n'est pas seulement la maison qui constitue le domicile, c'est encore l'enclos attenant à la maison, dépendant de la maison, qui s'y incorpore et ne fait qu'un avec l'habitation.* M. Pascalis ajoutait : *C'est donc par respect pour le domicile que nous avons permis aux propriétaires de chasser, en tous temps, dans leurs propriétés closes, attenant à une habitation.*

Un autre motif grave inspirait le législateur. C'est l'impossibilité ou la difficulté de constater les délits. M. Franck-Carré, rapporteur, disait, à la Chambre des pairs : *Nous avons voulu éviter ces vexations, ces perquisitions, qui ressemblent à une inquisition..... C'est pour cela que nous n'avons pas voulu que des agents subalternes, que des gardes champêtres, des gendarmes, puissent se livrer à ces investigations dans l'intérieur du domicile. Or, le parc est la continuation du domicile, lorsqu'il est entouré d'une clôture continue* (1).

Ainsi donc, ce sont les motifs les plus sérieux, les plus graves, qui ont fait poser par le législateur le principe de l'article 2 de la loi du 3 mai 1844. Ces mo-

(1) Je dois dire en passant qu'il me paraît incontestable, contrairement à la jurisprudence de la Cour de cassation (arrêt du 26 avril 1845) mais conformément à deux arrêts des Cours de Metz et de Besançon, du 5 mars 1845 et du 18 janvier 1845, que la franchise va jusqu'à permettre, dans les lieux clos, la chasse avec engins prohibés. Les motifs de la loi sont les mêmes dans les deux cas. Si la chasse avec engins prohibés était défendue, à quelles vexations, à combien de visites domiciliaires d'agents subalternes n'exposerait pas le prétexte

tifs subsistent toujours. Le domicile est aussi inviolable en 1862 qu'en 1844. Il est aussi politique aujourd'hui qu'alors d'éviter aux citoyens les vexations des agents subalternes. La troisième demande du comice agricole n'a donc certainement pas plus de chances que les autres de passer dans la législation.

J'ai montré les inconvénients graves des mesures proposées par M. Bonjean ; je vais essayer d'indiquer quelles sont les mesures que l'on pourrait, à mon avis, adopter sans aucun danger.

Il est un point sur lequel il est impossible de ne pas être d'accord avec l'honorable rapporteur, c'est la nécessité d'empêcher la destruction des nids de tous les petits oiseaux. C'est une habitude généralement répandue sur toute la surface de la France, que celle de dénicher les nids d'oiseaux. C'est la chasse des enfants ; chasse qui n'a point d'excuses, ni la nécessité d'alimentation, ni la possibilité d'un bénéfice, ni le plaisir d'aucune sorte. Les enfants sont poussés par une vraie manie de destruction, et M. Bonjean, et le comice agricole de Toulon ne trouveront aucun adversaire sérieux, lorsqu'ils signaleront éloquemment cet abus étrange et absurde et qu'ils en demanderont la supression. Mais pour cela, est-il nécessaire de faire une loi nouvelle ou d'introduire une nouvelle disposition dans les lois existantes? Ou bien la législation est-elle suffisante? Je le crois fermement. La loi donne aux préfets le droit de prendre

de rechercher des chasseurs avec engins prohibés. Le domicile ne serait-il pas violé par de pareilles recherches, aussi bien que si l'on voulait rechercher un propriétaire chassant en temps prohibé? Les paroles suivantes, de M. Franck-Carré, ne peuvent d'ailleurs laisser aucun doute sur ce point : « Le principe admis par la loi, est que nul n'a le droit de savoir ce qui se passe dans un enclos. On pourra donc y chasser avec filet, avec appeau, avec un fusil, sans qu'on ait le droit de savoir ce qui s'y fait. Nous n'avons pas le droit d'y pénétrer... »

des arrêtés pour empêcher la destruction des oiseaux. L'un des moyens les plus efficaces, c'est de prohiber la destruction des nids et des jeunes couvées. Tous les commentateurs de la loi de 1844 admettent que les préfets peuvent le faire, et ce droit leur a été formellement reconnu dans la discussion de la loi. Qu'une circulaire ministérielle rappelle aux administrateurs des départements leurs droits à ce sujet, et il n'en est pas un seul qui ne prenne immédiatement un arrêté pour empêcher la destruction des nids. C'est dire combien, sur ce point, nous approuvons le dernier arrêté de M. le préfet du Var.

La peine à appliquer aux délinquants sera de 16 à 100 francs d'amende (art. 11. Loi du 3 mai 1844), et pourra même être portée au double, dans certains cas, et notamment en cas de récidive. L'un des pétitionnaires au Sénat, M. Marshalls, et M. Bonjean lui-même, trouvent ces peines trop sévères. Je ne partage point leur manière de voir. Il est évident que les tribunaux commenceront par appliquer le minimum de l'amende, soit 16 francs, qui, pour les enfants au-dessous de seize ans, c'est-à-dire pour les principaux destructeurs de nids, sera diminué de moitié (art. 66 du Code pénal). Plus tard, quand les pères de famille, quand les instituteurs et institutrices, suivant en cela les excellents conseils de Mgr le cardinal archevêque de Bordeaux, auront appris à la jeunesse la nécessité de respecter les nids des petits oiseaux, les tribunaux pourront, sans inconvénients, se montrer plus sévères.

L'abus signalé finirait ainsi par disparaître, et les avantages qui résulteraient de sa destruction seraient tels, qu'ils compenseraient largement tous les maux annoncés par les pétitionnaires, comme conséquence du carnage des petits oiseaux. La chasse pourrait continuer avec plus d'abus encore qu'on n'en indique aujourd'hui, le danger cesserait, par le respect accordé aux nids d'oiseaux.

En effet, des calculs ont été faits sur la quantité d'œufs détruits annuellement en France, et M. Gosselin, cité par M. Bonjean, par M. Geoffroy Saint-Hilaire et par Mgr Donnet, estime qu'on détruit, par an, 80 à 100 millions d'œufs d'oiseaux en France. L'auteur déclare lui-même que son calcul n'est qu'approximatif; mais tenons-nous au-dessous de ces chiffres, et admettons qu'on ne détruit annuellement que 60 millions d'œufs; si désormais ces œufs, respectés, voient éclore les oiseaux qu'ils renferment, en supposant même que, par suite d'accidents, par suite de la voracité des animaux ovivores, il en périsse encore 10 millions, chiffre énorme, il en resterait encore 50 millions, venant s'ajouter au contingent ordinaire. Cet immense appoint sauvegarderait les intérêts de l'agriculture, et même les intérêts des chasseurs, car jamais la chasse la plus acharnée, avec les abus les plus criants, avec les engins les plus destructeurs, les plus meurtriers, n'arriverait à détruire par an 50 millions d'oiseaux; de telle sorte que la défense de toucher aux nids d'oiseaux donnerait satisfaction aux pétitionnaires, et ne serait point une vexation pour les chasseurs, car elle n'atteindrait que les enfants qui détruisent les nids, sans motifs et sans but.

Cette mesure suffirait à elle seule. Mais je veux aller plus loin et prouver à nos adversaires que, moins absolus qu'eux et tout en ne croyant pas aux maux qu'ils signalent, je respecte leurs idées et leurs illusions, et veux leur donner une satisfaction de plus, sans pour cela vexer les chasseurs, priver même complètement certaines localités du plaisir de la chasse.

Est-ce dire qu'il faut adopter la mesure absolue proposée par M. Bonjean, qui consisterait à supprimer la distinction entre les oiseaux de passage et les oiseaux sédentaires? Non, évidemment! Tout ce que j'ai dit combat cette mesure. Il me reste à répondre à deux objections de M. Bonjean, contre cette distinction : « D'abord, dit-il, rien de moins précis, de plus vague « que cette expression : *oiseaux de passage.* » Elle me paraît bien claire, cependant. Qu'est-ce qu'un oiseau de passage! On pourrait répondre, comme le ferait M. de la Palisse, c'est celui qui passe; et l'on serait dans le vrai. L'oiseau de passage est, en effet, celui qui, à certaines époques périodiques, passe dans une contrée sans y séjourner, qui n'y niche point habituellement, et en disparaît presque aussi promptement qu'il y paraît. Cette distinction peut se faire par départements, et non d'une manière uniforme pour toute la France. Je n'approuve donc point complètement les tableaux officiels des oiseaux de passage et des oiseaux sédentaires, dressé par les professeurs du Muséum d'histoire naturelle. La France y est divisée en zones d'un certain nombre de degrés, comprenant plusieurs départements, et les tableaux indiquent les oiseaux sédentaires et de passage dans chacune des zones. Or, cette division amène nécessairement des erreurs, car, dans la même zone, il y a des oiseaux sédentaires dans un département qui sont de passage dans un autre.

Aussi, je crois qu'il vaudrait mieux qu'un tableau officiel fut dressé dans chaque département. Il pourrait l'être, par les soins des sociétés scientifiques et agricoles et des conseils généraux. Rien ne serait plus facile; car, dans son département, chacun connait les oiseaux sédentaires et les oiseaux qui ne font que passer. Ces tableaux serviraient aux préfets à dresser leurs arrêtés sur la chasse, et aux seuls oiseaux qui y seraient désignés comme oiseaux de passage s'appliqueraient l'autorisation de chasser avec certains engins spéciaux. Cela m'amène à parler de la seconde objection de M. Bonjean : « La loi et les préfets, dit-il, peuvent bien restreindre aux oiseaux de passage l'emploi des engins « et filets; mais devant ces filets et engins, plus puissants que les préfets et la loi, tous les petits oiseaux « jouissent de la plus complète égalité : dans leur cruelle « impartialité, gluaux, filets, raquettes, ne font et ne « peuvent faire aucune distinction entre les oiseaux de « pays et ceux de passage; tous y trouvent une égale « mort..... Et il en sera ainsi tant que les préfets « n'auront pas inventé des engins assez intelligents pour « distinguer le petit oiseau de pays du petit oiseau de « passage. »

Il y a là une grave erreur. Dans mon système, en ne permettant que l'emploi des filets et des gluaux, et en proscrivant tous les autres engins : raquettes, lacets, etc., le danger signalé par M. Bonjean n'est point à redouter. La chasse au filet, sans appeaux ou à l'abreuvoir, est la seule qui, dans une mesure très-restreinte, justifie l'observation de l'honorable rapporteur. Mais cette chasse, indispensable dans le Var et les Bouches-du-Rhône, pour se procurer des appeaux d'ortolans, n'offre aucun péril, car elle se fait pendant fort peu de temps, du 15 août aux premiers jours de septembre tout au plus, et ne peut détruire qu'un très-petit nombre d'oiseaux sédentaires, pour la plupart granivores, comme le moineau, par exemple, et presque point d'insectivores; car il en est fort peu de sédentaires dans nos deux départements, et le passage des becs fins n'est point encore commencé à cette époque. On voit que je ne dissimule rien. Mais, en dehors de là, l'observation de M. Bonjean est erronée. Après l'époque dont je viens de parler, la chasse au filet et à la glu se fait avec appeaux et ne peut se faire d'aucune autre manière. Eh ! bien, les oiseaux de passage seuls viennent à l'appeau. C'est un fait que les chasseurs au poste observent journellement. Ils ne tuent ni ne prennent d'oiseaux sédentaires, car ceux-ci ne sont point attirés par le chant des appeaux. C'est tellement vrai, que si un oiseau de passage est retenu dans nos contrées par des perturbations atmosphériques qui l'empêchent de traverser la mer, après une station de quelques jours, il ne vient plus à l'appeau. Je le repète, c'est un fait observé depuis longtemps. Dans le Var, par exemple, quelques rares pinsons, débris du passage printanier, nichent dans nos bois ; eh ! bien, quand la chasse au poste commence, vainement avons-nous les appeaux les meilleurs, les plus fameux chanteurs, les pinsons du pays répondent à leur voix, mais se gardent bien d'y venir, comme le font les pinsons de passage, qui accourent au cri de leurs semblables en cage et se perchent sur nos cimeaux, souvent en bandes nombreuses. Ce fait, qui est incontestable et très-facile à vérifier, ne peut-il point s'expliquer par cette raison que les oiseaux de passage, arrivant dans un pays inconnu, se dirigent volontiers vers la voix amie qui semble leur indiquer un lieu de repos et une halte commode après les fatigues du voyage, tandis que les oiseaux sédentaires, ou qui séjournent depuis quelques jours dans une contrée, la connaissent assez pour n'avoir pas la curiosité ou le besoin d'aller voir ce que signifie le chant de leur semblable !!! Je donne cette explication sous toutes réserves. Mais le fait que j'essaie d'expliquer est certain.

Ainsi, que l'honorable M. Bonjean se rassure, la distinction entre les oiseaux de passage et les oiseaux sédentaires est moins difficile et moins dangereuse qu'il ne le pense; elle peut donc être maintenue. Mais, tout en la maintenant, il faut rappeler aux préfets le droit qu'ils ont de prendre des arrêtés pour empêcher la destruction des oiseaux. Que doivent être ces arrêtés? Nous allons indiquer les mesures que nous croyons pouvoir être prises pour donner satisfaction aux pétitionnaires agricoles. Aussi bien, ces mesures profiteront-elles aux chasseurs eux-mêmes.

Il faut, à mon avis, que les arrêtés préfectoraux s'inspirent des besoins et des habitudes locales; qu'ils soient plus ou moins sévères, suivant que les départements seront plus ou moins riches en gibier. Ainsi, dans les pays où la grive, où les petits oiseaux sont sédentaires, la loi les protège suffisamment; et dans ceux où ils ne font que passer, ou bien où on les considère comme oiseaux de passage, parce qu'ils émigrent, mais où le gibier, le vrai gibier des chasseurs est abondant, que les arrêtés préfectoraux les fassent respecter, car, ainsi que nous l'avons vu, si les oiseaux de passage sont utiles à l'agriculture, c'est surtout dans les endroits où ils séjournent; que les préfets de ces localités ne permettent pas de les chasser autrement qu'au fusil. Dira-t-on qu'il y a injustice à priver certains pays du plaisir de la chasse aux petits oiseaux. Je serais désolé de m'attirer le reproche de vouloir appeler les sévérités légales ou administratives sur ces départements, alors que je lutte pour les éviter au Var et aux Bouches-du-Rhône. Mais je réponds que les chasseurs de ces pays-là ne seront nullement malheureux, car il leur restera assez de gibier pour fournir à leurs plaisirs. N'est-ce pas en Champagne, en Picardie, en Lorraine, que niche la grive, par exemple; eh! bien, les chasseurs ne pourront-ils pas se contenter de tuer les perdreaux, les lièvres, les cailles, les chevreuils, etc., qui foisonnent dans ces contrées?

Les préfets devraient donc se montrer moins larges, pour la chasse aux petits oiseaux de passage, dans les pays où les chasseurs trouveront des compensations dans l'abondance du vrai gibier; mais, dans les localités déshéritées de chasse, comme les Bouches-du-Rhône et le Var, ils pourront ouvrir une main plus généreuse, et leur générosité sera sans danger pour la patrie.

Dans un grand nombre de départements, comme dans le Var, la chasse aux hirondelles est interdite; c'est une excellente mesure; il faut l'étendre aux petits oiseaux, inutiles à la cage ou à la table, les troglodytes, les pics, les fauvettes, les roitelets, etc. Ainsi seront épargnés beaucoup d'insectivores. Tout ceci, je le répète, est une concession que je fais à nos adversaires, et pas davantage. La chasse, en temps de neige, doit être sévèrement défendue. Enfin, il faut interdire absolument tous les piéges, raquettes, lacets, *lèques*, collets, etc., pour ne permettre que la chasse à la glu, au filet et au poste, avec appeaux et appelants.

La chasse au poste peut être autorisée sans inconvénients jusqu'au 1er janvier; il n'y a aucune nécessité d'en restreindre l'exercice au 30 novembre, comme l'a fait M. le préfet du Var, car, pendant le mois de décembre, ce sont toujours des oiseaux de passage que l'on tue au poste, il en est même que l'on ne tue que vers cette époque, ainsi, par exemple, la grive mauvis ou siffleuse, et le bruant jaune (chic jaune, *emberiza citrinella)*. Pour empêcher la chasse à la glu et au filet, nécessaire pour prendre des appeaux, d'être meurtrière et destructive, il y a plusieurs mesures à proposer. Il faut d'abord restreindre la durée de la chasse dans les limites les plus strictes. La chasse au filet à l'abreuvoir, avec ou sans appeaux, peut être permise du 15 août au 1er septembre, et sans abreuvoir, mais avec appeaux, du 15 août au 15 septembre. Il faut encore déterminer les dimensions des filets, pour couper court à cet abus que j'ai signalé, résultant de l'emploi de filets composés de deux bandes immenses. Cette mesure n'a rien d'extraordinaire et est très-praticable ; la législation sur la pêche détermine la dimension des mailles des filets de pêche, les arrêtés préfectoraux pourraient bien fixer d'après l'avis des hommes compétents, la grandeur des filets de chasse. Il serait, dès-lors, impossible d'employer ces filets gigantesques dont j'ai parlé, car leur emploi exige un attirail tel, qu'ils ne pourraient échapper aux recherches des gendarmes et des gardes champêtres.

Quant à la glu, jusqu'au dernier arrêté de M. le préfet du Var, l'emploi en était permis jusqu'au 15 décembre. Il faudrait ne l'autoriser que jusqu'au 15 novembre. De cette manière, il serait possible de prendre des appeaux, et la chasse à la glu n'aurait pas d'autre but, tandis qu'en se prolongeant au-delà de la limite que je viens d'indiquer, à une époque où tous les postes sont garnis d'appeaux, elle devient un moyen de prendre des oiseaux pour la consommation. Il faut encore fixer le nombre de gluaux qu'il sera permis d'employer. Cette mesure ne sera pas d'une exécution aussi difficile qu'on pourrait le croire au premier abord ; car, dans une localité, on connaît toujours les personnes qui se livrent à cette chasse, et le lieu où elles la font ; de sorte que la surveillance de l'autorité pourrait se faire d'une manière certaine, et les chasseurs ne sauraient s'y soustraire, car le chasseur à la glu met autant de temps pour s'installer que pour défaire son installation, et, une fois les gluaux placés, rien n'est plus facile que de les compter. De cette manière serait évitée la chasse des oiseleurs piémontais, qui couvrent un arbre d'un millier de gluaux et font ainsi des captures nombreuses. C'est surtout cette chasse qui a motivé les terreurs du comice agricole de Toulon, et sa pétition au Sénat. La limitation du nombre des gluaux qu'un chasseur pourra employer, lui donnerait pleine satisfaction.

Voilà ce qu'à mon avis doit être un arrêté préfectoral dans notre département, comme dans celui des Bouches-du-Rhône. Il aurait ce double avantage de donner satisfaction aux comices agricoles, et de ne point blesser et aigrir la catégorie très-nombreuse des chasseurs. C'est dans ce sens que nous espérons voir modifier l'arrêté de M. le préfet du Var, qui a porté une si grande perturbation dans les innocentes habitudes des chasseurs de nos pays. C'est pour l'obtenir que nous portons jusqu'au Sénat nos plaintes et nos doléances.

La pétition du Comice agricole de Toulon, qui nous accusait, a obtenu les honneurs d'un remarquable rapport. Le Sénat a ajouté foi à toutes les exagérations des pétitionnaires; nous avons voulu les combattre, et nous espérons que le premier corps politique de l'État voudra bien entendre notre défense. Nous appelons la lumière et le contrôle sur nos chasses, convaincus de notre bon droit, de la vérité de nos allégations, et certains que l'examen sérieux de nos griefs fera rendre, aux départements méridionaux, les franchises dont ils jouissaient depuis si longtemps en matière de chasse.

FIN.

Toulon. — Imprimerie L. LAURENT, sur le Port.

www.ingramcontent.com/pod-product-compliance
Ingram Content Group UK Ltd.
Pitfield, Milton Keynes, MK11 3LW, UK
UKHW020205200726
13856UKWH00003B/1215

9 782011 326911